コンピュータ設計概論
―― CMOS から組込み CPU まで ――

工学博士 鎌田 弘之 著

コロナ社

まえがき

　ディジタル回路は，1970年代にディジタルICが容易に入手できるようになって以降，多くの研究者・開発者のさまざまな挑戦により改良がなされ，いまや日常生活の隅々に盛り込まれ，明解に意識されないかもしれませんが，私たちの生活に欠かせない存在になっています。

　筆者の世代の研究者は，そういったディジタル回路の改良の歴史を時系列で経験することができた幸いな世代なのかもしれません。例えば，大学生時代には国産のパーソナルコンピュータが身近に利用できるようになり，それまでは専用のディジタル・アナログ回路により作らざるを得なかった各種機器を，コンピュータ制御による機器に変貌させることができました。

　一方，利用していたパーソナルコンピュータが故障した場合，秋葉原の部品街に行けば交換部品を容易に入手でき，はんだ付けにより自分でコンピュータを修理することもできましたし，それがさらに技術の理解にもつながっていました。しかし現代のコンピュータは，自分で修理することはきわめて困難であるばかりでなく，コンピュータ基板上のオーディオコネクタが破損しただけでメインボード交換を伴う修理になるほど，コンピュータのハードウェア部分がブラックボックス化しています。

　そういった環境の中で，コンピュータやさまざまなディジタル機器の基礎となるディジタル回路の学習をする学生は，半導体から，完成品の一つであるコンピュータに至るまで，複数の科目により一つひとつ完成度の高い技術の理解を求められ，それらを相互に連結する知識的な理解を感じることも難しくなり，ゴールを感じることやさらなる課題を見いだすことも難しい状態に陥っているものと想像しています。さらに，コンピュータの応用技術は，スマートフォンやタブレットなど身近で簡単に利用できる機器に発展しており，その

「見た目の簡単さ」と「中身の技術の高度さ」のアンバランスは，年々増していく傾向にあります．

　本書は，小規模なコンピュータシステムを自ら設計製作できることをゴールの一つに据えています．現代では，多種多様な機能が1パッケージに盛り込まれた組込みCPUがすでに存在しており，この目標部分をもブラックボックスにすることも可能ではあります．しかし，組込みCPU自体を基礎，基盤にすることは，必ずしも適切ではないと考えます．基礎となるさまざまな知識・基盤技術のエッセンスを，基礎技術から応用技術まで系列的に示し，さらに歴史的に見た技術革新の必然性を認識して，少し範囲の広い知識を連結させていくことを，本書の本質的な目標にしたいと考えています．さらに，ディジタル回路やその実装技術を深く理解し改善していくには，電気磁気学や電気回路といった電気系の基礎知識が必要になりますが，そういった学問とディジタル回路との接点もある程度示していきたいと考えています．そういったエッセンスをもとに学習すれば，現役の若いエンジニアにとっては，多様な組込みCPUの中から最適なものを選び，柔軟に応用する確固たる基礎を身に付けるきっかけになるかもしれません．また，これからエンジニアを目指そうとする学生の中には，完成品をイメージしながら，基盤的な半導体の進歩に尽力する人が現れるかもしれませんし，さらに別の学生は，半導体の応用技術であるディジタルICの開発，あるいはコンピュータの開発，利用技術の開発に尽力する人になるものと想像しています．

　一方，コンピュータの応用技術の一つには，C言語をはじめとするプログラミング言語があります．特にC言語を理解し高度に応用する鍵の一つにはポインタがあり，ハードウェアを高度に制御するプログラミングが可能ですが，プログラムだけを学習していてはその本質的な理解は困難です．本書では，文法的な解説は省きますが，ポインタとはメモリの番地情報であることを明快に示し，コンピュータのハードウェアとソフトウェアとの知識的な融合の一端も示します．

　本書で築くことができる基盤は，場合によっては細長い基盤になるかもしれ

ませんが，参考文献をもってさらに基本となる知識やトピックスにつなげ，現状の理解を目的とした勉強だけではなく，さらなる研究者・開発者の基礎的知識の養成につながることを期待しています。また，比較的新しい技術については，その概要の紹介にとどめますが，詳細はぜひともほかの雑誌，書籍や研究者の学術論文を参考にしていただきたいと思います。なお，本書に掲載する参考文献は，学術論文や書籍はもちろんのこと，各メーカの技術仕様書，電子回路系の月刊誌なども含めています。そのほか参考になるホームページが多数存在していますので，掲載したキーワードをもとに検索することを強く勧めます。

　なお，筆者は，学部学生時代から博士号取得後まで，ディジタル回路のみならずOPアンプを使ったアナログ演算回路から，ディジタルシグナルプロセッサ（DSP）を組み込んだ音声信号処理回路の開発と応用に関する研究に従事しておりました。特に，筆者が開発したDSPによる信号処理回路は，全回路図の設計と試作を行ったのち，企業により受注生産されており，高速なディジタル回路を正常に動作させるための実践的知識・技術的経験は持っているつもりです。現在では，FPGAを用いた信号処理回路の設計もやっているとはいえ，主たる研究はディジタル信号処理に関する理論的研究・実用化研究・応用研究が中心であり，必ずしもディジタル回路そのものの研究者ではありません。したがって本書はむしろ，ユーザの視点が強いものになると想像していただきたく思いますが，ディジタル回路に関連する分野を専門としたい方には，興味をそそる内容になるものと考えています。

2014年9月

鎌田 弘之

目　　次

1. ディジタル回路の基本

1.1 MOSFETによるスイッチ回路 ……………………………………………… *1*
　1.1.1 n型半導体とp型半導体 ………………………………………………… *1*
　1.1.2 nMOSの構造と動作原理 ……………………………………………… *2*
　1.1.3 pMOSの構造と動作原理 ……………………………………………… *3*
1.2 スイッチ回路としての動作 …………………………………………………… *3*
　1.2.1 スイッチ回路を利用した反転回路の構成 …………………………… *5*
　1.2.2 実用的なnMOS，pMOSスイッチ回路 ……………………………… *7*
　1.2.3 しきい値（閾値） ……………………………………………………… *10*
1.3 CMOSによるディジタル回路の現状と課題 ……………………………… *11*

2. 基本論理回路

2.1 基本的な論理演算 …………………………………………………………… *14*
　2.1.1 反　転（NOT） ………………………………………………………… *14*
　2.1.2 論理積（AND） ………………………………………………………… *15*
　2.1.3 論理和（OR） ………………………………………………………… *15*
　2.1.4 論理演算に関わる重要な定理・公式 ………………………………… *16*
2.2 論理回路の応用 ……………………………………………………………… *19*
　2.2.1 非反転回路（バッファ回路） ………………………………………… *19*
　2.2.2 排他的論理和（XOR） ………………………………………………… *20*
2.3 ディジタル回路に適した論理演算 ………………………………………… *21*
　2.3.1 NAND　回　路 ………………………………………………………… *21*
　2.3.2 NOR　回　路 …………………………………………………………… *25*
　2.3.3 XOR回路の高速化 …………………………………………………… *26*

2.3.4	多入力の論理回路	27
2.4	正論理と負論理	29
2.4.1	回路図に出てくる○の見方，扱い方	29
2.4.2	回路の改良	32
2.5	用途に合わせて設計された論理回路	33
2.5.1	オープンドレーン回路	33
2.5.2	シュミットトリガ回路	35
2.5.3	差動回路	38
2.5.4	3ステートロジック回路	40
2.5.5	論理ICのパッケージ	42

3. フリップフロップ回路

3.1	RS-FF 回路	44
3.1.1	内部構造と動作	44
3.1.2	状態遷移図	46
3.1.3	利用例	47
3.1.4	ノイズ対策	48
3.1.5	マスタスレイブ型FF回路	49
3.2	JK-FF 回路	50
3.3	D-FF 回路	55
3.4	T-FF 回路	56
3.5	FF回路の応用	58
3.5.1	シフトレジスタ	58
3.5.2	同期カウンタ	59
3.5.3	擬似乱数発生器	60

4. 論理設計

4.1	加法標準形	61
4.2	乗法標準形	62
4.3	カルノー図	64

  4.3.1　基本的な考え方 …………………………………………………… 64
  4.3.2　ハ　ザ　ー　ド ……………………………………………………… 66
  4.3.3　さまざまな論理設計例 ……………………………………………… 68
 4.4　演算回路の設計 ……………………………………………………………… 70
  4.4.1　加　算　回　路 ……………………………………………………… 70
  4.4.2　2の補数による正負反転回路 ……………………………………… 72
  4.4.3　減　算　回　路 ……………………………………………………… 73

5. メ モ リ 回 路

 5.1　メモリ回路の分類と展望 …………………………………………………… 76
 5.2　ROM …………………………………………………………………………… 78
  5.2.1　MROM ………………………………………………………………… 78
  5.2.2　EPROM ……………………………………………………………… 79
  5.2.3　EEPROM ……………………………………………………………… 79
  5.2.4　フラッシュメモリ …………………………………………………… 80
  5.2.5　ROMの現状と展望 …………………………………………………… 84
 5.3　RAM …………………………………………………………………………… 84
  5.3.1　SRAM ………………………………………………………………… 85
  5.3.2　SRAMの現状と課題 ………………………………………………… 86
  5.3.3　DRAM ………………………………………………………………… 87
  5.3.4　メモリセルの周辺回路 ……………………………………………… 89
 5.4　メモリ回路の構成 …………………………………………………………… 91
  5.4.1　アドレスデコーダ …………………………………………………… 91
  5.4.2　メモリ動作のタイムチャート ……………………………………… 94
  5.4.3　メモリアクセスに要する時間 ……………………………………… 97
  5.4.4　DRAMのバーストモード …………………………………………… 98

6. マイクロコンピュータの概要

 6.1　マイクロコンピュータのルーツ …………………………………………… 101
 6.2　?ビットCPUとは …………………………………………………………… 102

6.3	機　械　語	………………………………………………	*103*
6.4	マイクロコンピュータによる演算	……………………………	*105*
6.5	CPU の動作原理	……………………………………………	*106*
6.6	データバスとアドレスバス	…………………………………	*107*
6.7	システムクロックと各種規格の必要性	………………………	*109*
6.8	パラレルデータ伝送とシリアルデータ伝送	…………………	*111*
6.9	「配線」を表す電気回路	……………………………………	*115*
6.10	キャッシュメモリ	…………………………………………	*118*
6.11	パイプライン処理	…………………………………………	*121*
6.12	マルチコア・マルチスレッド時代	………………………	*122*

7. 小規模コンピュータの設計

7.1	Z80 のピン配置と機能の概要	………………………………	*124*
7.2	CPU の基本動作とタイムチャート	…………………………	*128*
7.3	CPU とメモリ回路の接続	……………………………………	*131*
7.4	接続する論理回路・メモリ IC の仕様決定	…………………	*138*
7.5	CPU と I/O 機器の接続回路	…………………………………	*140*
7.6	割　込　み　処　理	…………………………………………	*141*
	7.6.1　NMI	……………………………………………………	*142*
	7.6.2　INT	……………………………………………………	*143*
7.7	DMA	…………………………………………………………	*149*
7.8	その他の留意点	………………………………………………	*152*
	7.8.1　電　　　源	……………………………………………	*152*
	7.8.2　リ　セ　ッ　ト	………………………………………	*153*
	7.8.3　安定動作に必要な抵抗，コンデンサ	…………………	*154*
7.9	CPU 内部のレジスタと機能	…………………………………	*156*
	7.9.1　アキュムレータとデータレジスタ	……………………	*157*
	7.9.2　インデックスレジスタ	…………………………………	*158*
	7.9.3　プログラムカウンタ	……………………………………	*159*

viii 目次

7.9.4 ステイタスレジスタ ……………………………………… 160
7.9.5 スタックポインタ …………………………………………… 161
7.9.6 セグメントレジスタ ………………………………………… 167
7.10 組込みCPUとFPGA …………………………………………… 168

付　　　録

A. 2進数と演算 …………………………………………………… 171
　A.1 2進数と10進数 ……………………………………………… 171
　A.2 2進数による数値表現 ……………………………………… 173
　A.3 2進数による加算 …………………………………………… 175
　A.4 2進数による減算 …………………………………………… 176
　A.5 2進数による乗算 …………………………………………… 177
　A.6 2進数による除算 …………………………………………… 180
B. 2進数で実数を扱う …………………………………………… 181
　B.1 2進数での小数表現 ………………………………………… 182
　B.2 循　環　小　数 ……………………………………………… 183
　B.3 固定小数点演算 ……………………………………………… 183
　B.4 最大値と精度 ………………………………………………… 184
　B.5 加　減　算 …………………………………………………… 185
　B.6 乗　　　算 …………………………………………………… 185
　B.7 除　　　算 …………………………………………………… 186

参　考　文　献 ……………………………………………………… 188
索　　　引 …………………………………………………………… 191

本書における，Intel, AMD, Zilog, Microsoft, Windows, Xeon Phi, Z80 ほか，記載された会社名，商品名，製品名は一般に各社の登録商標，商標，または商品名です。本文中では，TM，©，®マークは省略しています。

1 ディジタル回路の基本

音楽プレーヤなどに採用される回路は，大小さまざまな大きさの入力信号の比例関係を保ちながら増幅して，スピーカやイヤホンを鳴らすのが目的となります。こういったさまざまな大きさの信号を扱う回路をアナログ回路（analog circuit）と呼びます。それに対して，0Vか5Vのように限られた電圧だけを扱い，その中間にあたる電圧を考えない方向で動作・設計するのがディジタル回路（digital circuit）です。

ディジタル回路を実現する回路素子は，基本的にはアナログ回路と同等のものになりますが，その使い方が異なります。

本章では，ディジタル回路の基礎であるMOSFET（metal-oxide-semiconductor field-effect transistor）による回路素子を例に挙げて解説します。

1.1 MOSFETによるスイッチ回路

MOSFETと呼ばれる半導体には2種類あり，またそれら2種類の半導体を組み合わせることで，さまざまな論理回路が実現されています。これらの半導体は，それぞれスイッチのような動作をします。以降，便宜上，**スイッチ回路**（switching circuit）と呼ぶことにします。

1.1.1 n型半導体とp型半導体

半導体（semiconductor）を作る材料は今後も変わっていくものと考えられますが，現在，最もポピュラーな材料は**シリコン**（silicon, Si）です。純粋なシ

リコンは電気を通しにくい性質を持っていますし，低温であれば**絶縁体**（insulator）と呼んでもよいものです。このシリコンに対して不純物を添加することで，半導体の性質を強めていきます。

n 型半導体は，シリコン（Si）などの 4 価元素に，リン（P），ヒ素（As）などの 5 価元素を不純物として添加して作ります。電荷を運ぶ**キャリヤ**（carrier）は**自由電子**（free electron）であり，キャリヤとして利用する自由電子が**負**（negative）の電荷を持つことから，n 型半導体と呼ばれているのです。

また，**p 型半導体**は，シリコン（Si）などの 4 価元素に，ホウ素（B），アルミニウム（Al）などの 3 価元素を不純物として添加して作ります。電荷を運ぶキャリヤは**正孔**（hole，**ホール**）で，キャリヤとして利用する正孔が**正**（positive）の電荷を持つことから p 型半導体と呼ばれているのです。

1.1.2 nMOS の構造と動作原理

n 型半導体と p 型半導体を**図 1.1**のように構成して作成した構造を **nMOS** と呼んでいます。まず，nMOS の動作原理について考えます。

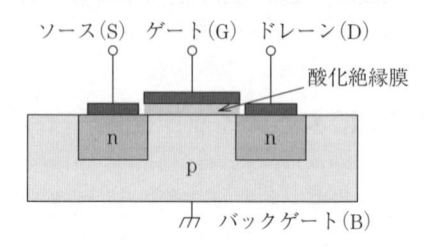

図 1.1 nMOS の構成

通常の状態では，ソース（S）-ドレーン（D）には電流は流れません。しかし，ゲート（G）に正の電圧がかかったときには，ゲートの真下の領域に電界が加わります。これにより，p 型のシリコン基板中のキャリヤである正孔が下方に押されます。さらに電圧が加わると，ゲート直下に電子が誘起され，ソース-ドレーン間にキャリヤ（この場合，自由電子）の通り道（channel，**チャネル**，**導電層**）ができます。ソース，ドレーンには電子をキャリヤとする n 型半導体がありますので，ソース⇒チャネル⇒ドレーン間に電子が流れます。

1.1.3 pMOS の構造と動作原理

n 型半導体と p 型半導体を図 1.2 のように構成して作成した構造を **pMOS** と呼んでいます。pMOS の動作原理は，nMOS の逆の動作となります。

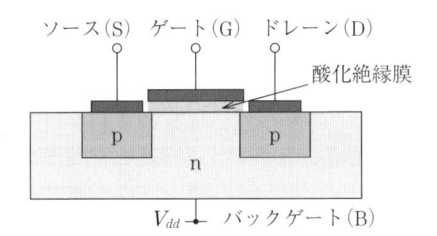

図 1.2 pMOS の構成

通常の状態では，バックゲート (B) 側に与えられる正の電源電圧 (V_{dd} 〔V〕) により電子が引き寄せられ，正孔がゲート直下に集まることで，キャリヤ（この場合，正孔）のチャネルができます。ソースとドレーンには正孔をキャリヤとする p 型半導体があり，結果として電流が流れるチャネルが形成されます。ここでゲートに正の電圧が与えられれば，バックゲートとの電位差が小さくなりチャネルが消滅して，電流が流れなくなります。

1.2 スイッチ回路としての動作

ディジタル回路では，ゲート電圧の指示により，ソース-ドレーン間を ON/OFF するスイッチに見立て，動作させることになります。しかも電界を発生させることを目的としてゲートには電圧をかけるので，ゲートに流れ込む電流はほとんどなく，トランジスタを基本とする論理回路に比べて低消費電力を実現できます。ただし，電流が流れ込まないということは，入力インピーダンスが高いことを意味しています。ですから，もしゲート電圧が与えられない状況にしておくと，ほかの回路からの電圧の誘導を受けやすく，意図しない動作の原因になりますし，また静電気にも弱くなり故障の原因になりますから，注意が必要です。

つぎに，nMOS，pMOS の利用について考えます。動作原理で示したとおり，

1. ディジタル回路の基本

nMOS，pMOS のバックゲート（B）には，それぞれ必要な電圧を与えることを前提として使います。その電圧の与え方については，**図 1.3**（a）～（c）のように順次，簡略化して考えることができます。特に，バックゲート電圧とソース電圧を一致させる方向で利用する同図（b）の方法は実用的であり，これを踏まえると nMOS，pMOS によるスイッチ回路は同図（c）のように簡略化できます。詳細は 1.2.2 項で説明します。なお，nMOS と pMOS とではキャリヤが異なり，電流が流れる向きが逆になるので，ソースとドレーンの位置関係は逆になりますが，利用上の前提となりますので，いずれ S，D などの記号も省略していきます。

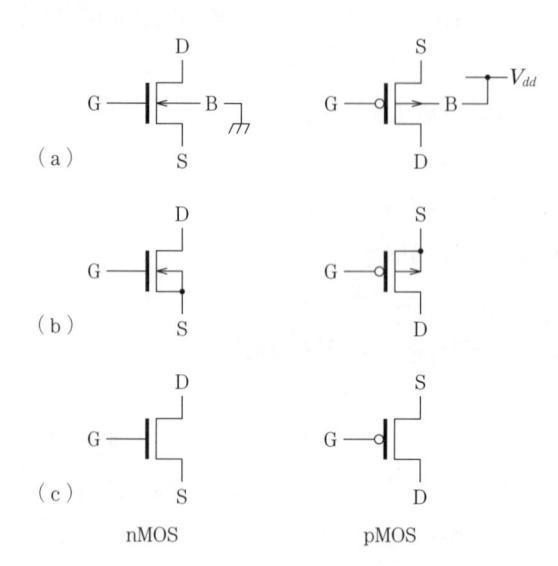

図 1.3 nMOS，pMOS によるスイッチ回路

ここで，pMOS のゲートに○印が付いていますが，これは「0 V になったらスイッチが ON になる」ということを意味します。この○印は，論理回路では反転を意味し，動作を理解するうえではたいへん重要になります。

動作の様子を**図 1.4**に示します。nMOS では，ゲートに対して電源電圧 V_{dd}〔V〕を与えたら，ドレーン-ソース間のスイッチが ON になります。ゲート電圧が 0 V であればスイッチは OFF です。

それに対し pMOS では，ゲートが 0 V のときソース-ドレーン間のスイッチ

1.2 スイッチ回路としての動作　5

図1.4　nMOS, pMOS の動作

(a) nMOS の動作

(b) pMOS の動作

がONとなり，ゲート電圧に V_{dd}〔V〕を与えればスイッチはOFFとなります。

1.2.1　スイッチ回路を利用した反転回路の構成

nMOS, pMOS を使って，反転回路を構成してみます。

反転回路（inverting circuit）とは，入力に V_{dd}〔V〕が与えられたら0 Vを出力し，0 Vを入力したら V_{dd}〔V〕を出力する回路です。このような動作をするものをnMOS, pMOSそれぞれを使って構成すると，それぞれ**図1.5**，**図1.6**のようになります。ここでは反転回路のみを解説していますが，後出の論理積，論理和を実現する回路なども，nMOSのみ，またはpMOSのみを使って構成することは可能です。

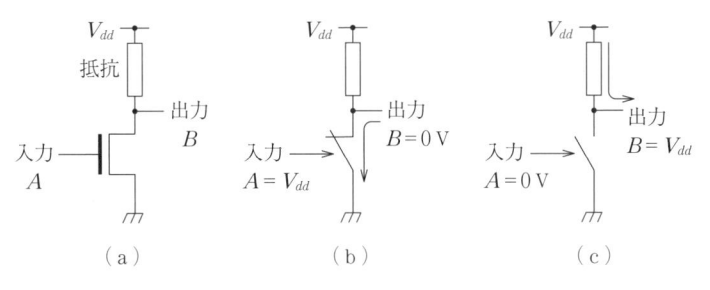

図1.5　nMOSを使った反転回路とその動作

1. ディジタル回路の基本

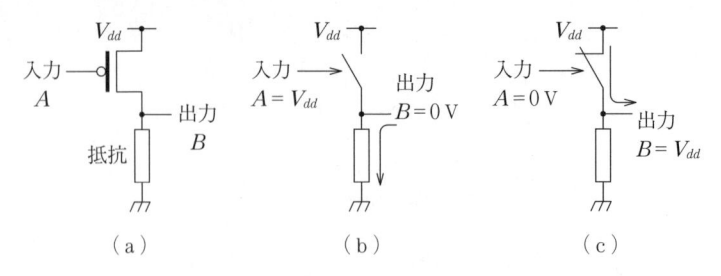

図1.6 pMOSを使った反転回路とその動作

しかし，現在のディジタル回路では，図1.7のように，nMOSとpMOSの両方を使って反転回路を構成しています．nMOSとpMOSの両方を利用したものを **CMOS**（complementary MOS）と呼びます．

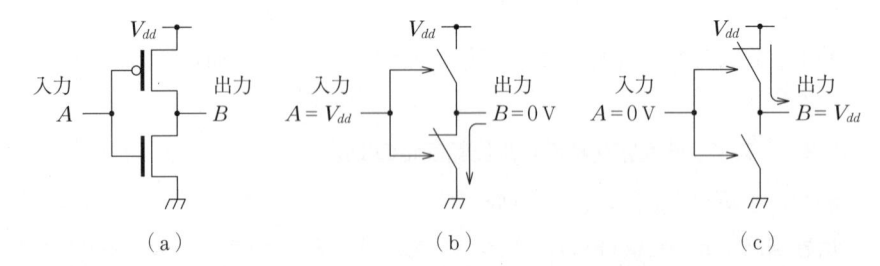

図1.7 CMOSを使った反転回路とその動作

nMOSにしろpMOSにしろ，入力Aに与えられた電圧に従ってスイッチがONになるとき，電源電圧あるいは接地電圧がほとんど電圧降下なく出力されます．しかし，スイッチがOFFになるときには，抵抗を通して，電源電圧または接地電圧が出力されることになり，出力の先に接続される回路の入力インピーダンスの影響を受け，出力電圧が変化することがあります．CMOSでは，電源側，接地側の両方にスイッチが置かれ，ほとんど電圧降下なく出力が得られるので，動作させる電源電圧の設定の自由度が増します．

また，nMOSやpMOSのみによる論理回路では，出力が$0\,\mathrm{V} \rightarrow V_{dd}$〔V〕に変化するときと$V_{dd}$〔V〕$\rightarrow 0\,\mathrm{V}$に変化するときとで若干動作が異なりますが，CMOSではその差がありません．

その結果，回路設計をするとき，0Vになったら何らかの回路を動作させる

ように設計するとか，V_{dd}〔V〕になったとき動作させるかなどを自由に選ぶことができ，回路設計の自由度も増します．

1.2.2 実用的な nMOS，pMOS スイッチ回路

1.2.1項では，nMOS と pMOS を使って反転回路を作成しました．そこでもし，nMOS と pMOS との位置を逆転させて配置すれば，入力と同じ電圧を出力する**非反転回路**（non-inverting circuit），すなわち入力信号の整形・増幅を行う**バッファ回路**（buffer circuit）が作れるような気がします．いままで解説してきた説明だけであれば，うまく動作すると考えられますが，実用化されている nMOS，pMOS スイッチ回路ではうまく動作はしません．その理由について解説します．

IC化に際して実用化されている nMOS，pMOS は，図1.8に示すような構成が主流です．すなわち，バックゲート電圧はソース電圧と同じになります．こうした構成を取る理由としては，IC 内の配線が容易になることや，キャリヤの流れを改善できるなど，実用上の理由からきています．

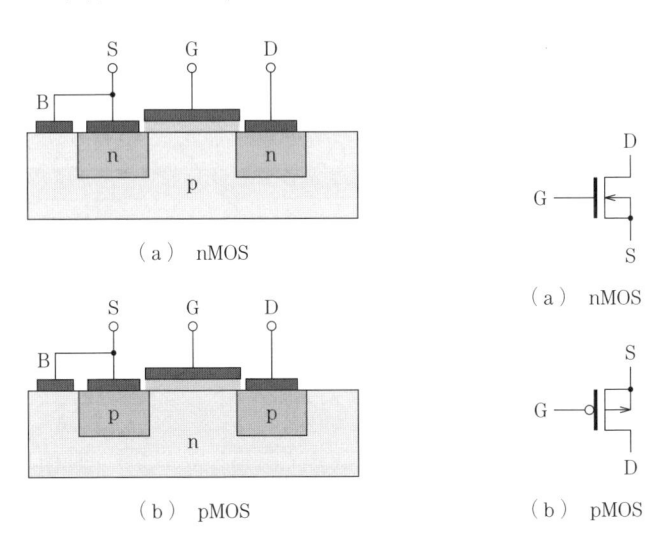

図1.8 実用的な nMOS，pMOS スイッチ回路

図1.9 nMOS，pMOS ゲート回路の図記号

これを考慮して，nMOS，pMOS ゲート回路の図記号は**図 1.9** のように表すことにします。

1.1.2 項で示した nMOS の動作原理の解説では，理解のために，バックゲート電圧 $V_B = 0\,\text{V}$ で固定し，また 1.1.3 項の pMOS の解説では，$V_B = V_{dd}\,[\text{V}]$ で固定しました。nMOS，pMOS ゲート回路は，ゲート電圧 V_G とバックゲート電圧 V_B の電位差により，スイッチ回路としての ON/OFF が決まります。スイッチ回路としての ON/OFF の境となるゲート電圧，すなわちしきい値を V_{th} とすると

・1.1.2 項の nMOS の場合

$V_G - V_B = V_G \geqq V_{th}$ のときスイッチ ON

$V_G - V_B = V_G < V_{th}$ のときスイッチ OFF

・1.1.3 項の pMOS の場合

$V_B - V_G = V_{dd} - V_G \geqq V_{th}$ のときスイッチ ON

$V_B - V_G = V_{dd} - V_G < V_{th}$ のときスイッチ OFF

と単純化できました。しかし，$V_S = V_B$ の条件が加わる図 1.9 では

・nMOS 回路の場合

$V_G - V_B = V_G - V_S \geqq V_{th}$ のときスイッチ ON

$V_G - V_B = V_G - V_S < V_{th}$ のときスイッチ OFF

・pMOS 回路の場合

$V_B - V_G = V_S - V_G \geqq V_{th}$ のときスイッチ ON

$V_B - V_G = V_S - V_G < V_{th}$ のときスイッチ OFF

となります。すなわち図 1.9 では，ゲート電圧 V_G とソース電圧 V_S との電位差がしきい値 V_{th} を超えるか否かで，スイッチ回路としての ON/OFF を決めることになります。

これを踏まえて，**図 1.10** の反転回路を改めて評価してみます。同図を見てわかるように，nMOS の $V_S(=V_B)$ は $0\,\text{V}$ に固定され，pMOS の $V_S(=V_B)$ は $V_{dd}\,[\text{V}]$ に固定されていますので，事実上，1.1.2 項，1.1.3 項で解説したとおりの動作が実現できます。

1.2 スイッチ回路としての動作

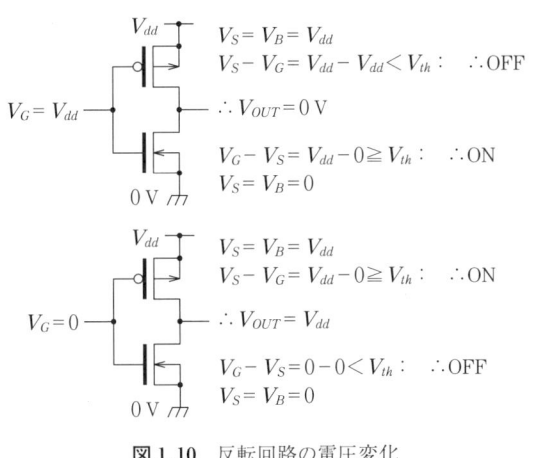

$$V_G = V_{dd}$$ の場合（pMOS）:
$V_S = V_B = V_{dd}$
$V_S - V_G = V_{dd} - V_{dd} < V_{th}$ ： ∴OFF
∴ $V_{OUT} = 0$ V

（nMOS）:
$V_G - V_S = V_{dd} - 0 \geq V_{th}$ ： ∴ON
$V_S = V_B = 0$

$$V_G = 0$$ の場合（pMOS）:
$V_S = V_B = V_{dd}$
$V_S - V_G = V_{dd} - 0 \geq V_{th}$ ： ∴ON
∴ $V_{OUT} = V_{dd}$

（nMOS）:
$V_G - V_S = 0 - 0 < V_{th}$ ： ∴OFF
$V_S = V_B = 0$

図 1.10 反転回路の電圧変化

しかし，非反転回路を作ろうとして**図 1.11** のように nMOS と pMOS の位置を逆転させると，nMOS，pMOS それぞれのソースが回路の中間に配置され，その電圧 V_S はそれぞれのスイッチ回路の状態により変動します。その結果，ゲート電圧 V_G と V_S との電位差に伴う ON/OFF 動作が保てなくなり，正常な動作が期待できなくなります。

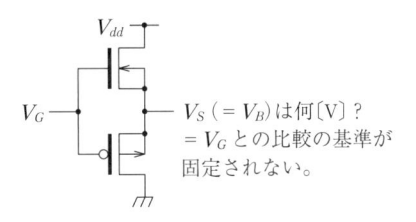

$V_S (= V_B)$ は何〔V〕？
= V_G との比較の基準が固定されない。

図 1.11 非反転回路が動作しない理由

まとめますと，nMOS，pMOS それぞれのソース電圧 V_S がゲート電圧 V_G の比較基準になり

・nMOS のソースは接地側に接続し，$V_S = 0$ V の状態で利用
・pMOS のソースは電源側に接続し，$V_S = V_{dd}$〔V〕の状態で利用

というのが，一般的な nMOS，pMOS の利用方法になります。

1.2.3 しきい値（閾値）

ディジタル回路において，入力電圧がいくらになったらnMOS，pMOSそれぞれのスイッチ回路がON/OFFするかという境目の電圧が**しきい値**(threshold value)です。この電圧は，nMOS，pMOSそれぞれをどのように作るかによって若干変動しますし，トランジスタベースで作成されるディジタル回路である**TTL**（transistor transistor logic circuit）などとは，かなり差があります。

およそのガイドラインとしては，V_{dd}〔V〕を電源電圧とすると，つぎのとおりです。

・V_Gが$0.5 \times V_{dd} \sim 0.7 \times V_{dd}$〔V〕以上になったら，$V_{th}$〔V〕を上回ったと判断して動作

・V_Gが$0.8\,\mathrm{V} \sim 1.5\,\mathrm{V}$を下回ったら，$V_{th}$〔V〕を下回ったと判断して動作

この観点からすると，しきい値V_{th}〔V〕は$V_{dd}/2$〔V〕と考えて問題はありませんし，半導体の構造としてV_{th}〔V〕が$V_{dd}/2$〔V〕になるように設計します。

ただし，ここで二つのことを考えることができます。

一つは，V_{th}を上回ったと判断される電圧，およびV_{th}を下回ったと判断される電圧ともに，幅があるということです。これは，その幅の範囲で入力電圧が変動しても，スイッチ回路のON/OFFが変化しない，ということを意味し

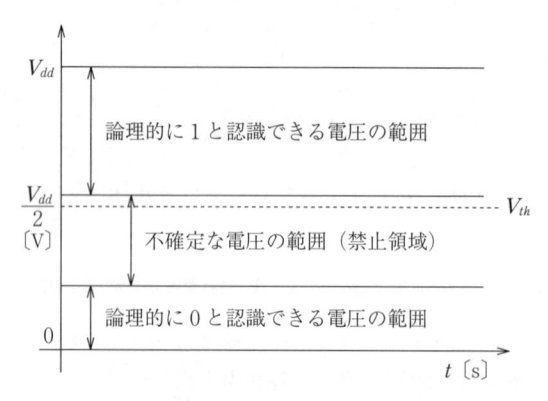

図1.12 しきい値とノイズマージン

ます。この電圧の幅のことを**ノイズマージン**（noise margin, **雑音余裕**）といいます（図 1.12）。

もう一つは，V_{th} を上回ったと判断される電圧の下限と，V_{th} を下回ったと判断される電圧の上限にもギャップがあるということです（図 1.12）。もし，入力電圧がこの範囲に入ったら，ディジタル回路の動作は中途半端なものになりますので，避ける必要があります。

1.3　CMOS によるディジタル回路の現状と課題

CMOS によるディジタル回路は，現在の IC の主流であり，回路設計の自由度が増していると解説してきましたが，やはり課題もあります。

例えば，電源電圧の自由度があるといいましたが，電源電圧を下げると消費電力は小さくなりますが，スイッチの ON/OFF の動作も遅くなる傾向があります。これについては，nMOS，pMOS によるスイッチを微細化することで高速化を図っています。

一方，微細化すると

①　本来，電流を流さない絶縁体であるべき部分も，微細化されることで抵抗が小さくなり，常時，電流が漏れるように流れるようになります（**漏れ電流**，leakage current）。2000 年代初頭の **CPU**（central processing unit, **中央処理装置**）では，消費電流の半分近くが，この漏れ電流によるものといわれていました。

②　シリコンに不純物を添加し n 型，p 型の半導体を作っていますが，添加する不純物の密度を正確に均一にしなければ，IC 内の回路が，場所によって動作が不十分な半導体，あるいはまったく動作しない半導体ができてしまいます。

これらの問題を解決するため，①の課題に対しては新しい素材を使った設計がつぎつぎに提案され，また②の課題に対しては，IC 内の回路を冗長設計（同じ回路を複数実現し，正常動作するものを利用）したり，IC 内部に動作状

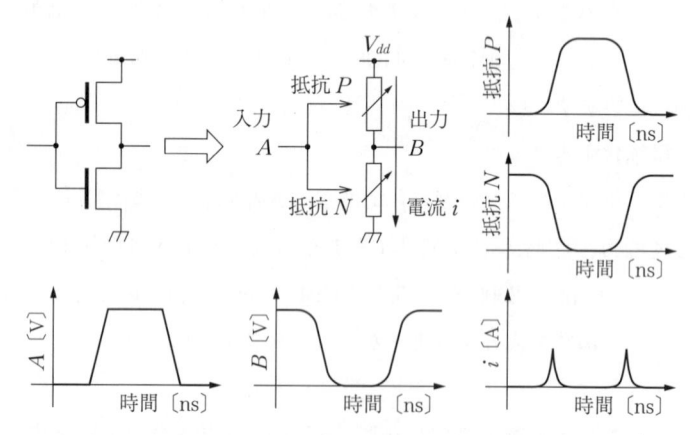

また，本書では理解を進めるために，nMOS，pMOSによる回路を「スイッチ回路」として扱い解説しましたが，正確にはスイッチではなく，**図1.13**のように，連続的に抵抗値が変化する可変抵抗と同等のものです。しかもCMOSによるディジタル回路では，しばしば，nMOSとpMOSとを直列につないで利用するので，入力がV_{dd}〔V〕と0Vとの中間的な電圧になる瞬間には，nMOS，pMOSともに抵抗がある程度小さい状態になり，電源から接地方向に大きめな貫通電流が流れます。したがって，CMOSによるディジタル回路は，出力が0V⇔V_{dd}〔V〕に変化するとき，流れる電流が増加し，その結果，変化の頻度（周波数）が高くなればなるほど，回路としての消費電流が増加していきます。

図1.13 反転回路における nMOS，pMOS の実際の動作と消費電流

現代のコンピュータは，このような回路を動作させる周波数がGHz（10^9 Hz）のレベルになっており，1個のICでとんでもなく大きな消費電流を必要とする原因にもなります。

消費電流を小さくするためには，電源電圧を低くするのが効果的ですが，冒頭に述べた問題も再燃します。とはいえ，現在のコンピュータに利用されてい

るCPUの電源電圧は，1V前後で動作することも可能になっており，半導体技術の目覚ましい発展は，じつにすばらしいものがあります。

■ICの中の抵抗，コンデンサ

nMOS，pMOSによるスイッチ回路では，抵抗素子をIC内で作成する必要があります。抵抗は，よく知られるとおり，素材を長くすれば大きな抵抗の値になり，短くすれば小さな抵抗の値になります。また，細くすれば大きな抵抗の値に，太くすれば小さな抵抗の値になります。このように，抵抗の値の大小は，抵抗を作る素材の体積に依存しますので，高集積化を目指すICにとってはやっかいな存在です。

特に，抵抗に電流を通せば，熱や雑音が発生します。また細い抵抗は，大きな電流を流すと切れやすく故障の原因にもなりますので，抵抗は，でき得るならIC内での利用を避けたい素子といえます。そういった意味においても，抵抗を必要としないで論理回路を構成できるCMOSは，高集積化に有効であり，ICには適した構造といえます。

ただし，世の中には，アナログ回路を構成するCMOSによるICもあり，こういった回路では，抵抗やコンデンサをICの中に作成することは必須になります。そのような場合に対し，ポリシリコン抵抗，拡散抵抗，ウェル抵抗，またはゲート酸化膜コンデンサ，メタル層間コンデンサなどが考案され利用されていますが，高集積化するという課題を解決するには，まだ検討が必要です。

2 基本論理回路

本章では，1章に示した nMOS 回路，pMOS 回路を利用したさまざまな論理回路について解説します。なお，本章では，基本的な論理を中心に解説を行うため，0 または 1 のみを使っていきます。ディジタル回路では，論理の 0 は電圧の 0 V，論理の 1 は電源電圧の V_{dd} [V] が原則となります。

2.1 基本的な論理演算

あらゆる論理構成を実現できる論理素子のセットを**完全系**といいます。本節では，まず，完全系を成立させる基本的な三つの論理演算について示します。

2.1.1 反 転 (NOT)

1章では，nMOS，pMOS によるスイッチ回路を利用し，反転回路を例に挙げて解説しました。反転回路は論理演算としても有効で，**図 2.1** のように表します。一般的には **NOT 回路**（NOT circuit）と呼びます。**表 2.1** に，NOT 回路の真理値表を示します。**真理値表**（truth table）は，入力と出力の関係を 0，1 の論理で表したものです。

また，論理回路の入出力関係を式で表したものを**論理式**といいます。反転回

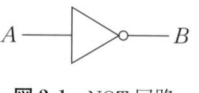

図 2.1　NOT 回路

表 2.1　NOT 回路の真理値表

A	B
0	1
1	0

路の論理式は，入力を A，出力を B として

$$B = \overline{A} \tag{2.1}$$

で表されます．

2.1.2 論理積（AND）

図 2.2 に論理積（conjunction, logical product）を実現する **AND 回路** を，**表 2.2** にその真理値表を示します．真理値表を見てもわかるとおり，入力 $A=1$ かつ入力 $B=1$ のときのみ，出力 $C=1$ になり，その他の入力のときには出力 $C=0$ になる回路です．すなわち，二つの条件が満足されたときのみ，何らかの動作をさせたいときに利用します．論理式は

$$C = A \cdot B \tag{2.2}$$

で表されます．

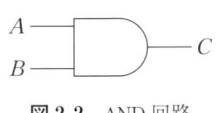

図 2.2　AND 回路

表 2.2　AND 回路の真理値表

A	B	C
0	0	0
0	1	0
1	0	0
1	1	1

2.1.3 論理和（OR）

図 2.3 に論理和（disjunction, logical sum）を実現する **OR 回路** を，**表 2.3** にその真理値表を示します．真理値表を見てもわかるように，入力 A または入力 B のどちらかが 1 になれば，出力 C は 1 になるものです．論理式は

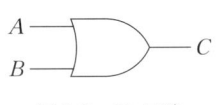

図 2.3　OR 回路

表 2.3　OR 回路の真理値表

A	B	C
0	0	0
0	1	1
1	0	1
1	1	1

$$C = A + B \tag{2.3}$$

で表されます。

2.1.4 論理演算に関わる重要な定理・公式

小規模な回路であれば，論理回路をベースにした設計も可能ですが，大規模な回路を設計しようとした場合，どうしても論理式を駆使して設計する必要があります。特に，**PLD**（programmable logic device）や**FPGA**（field programmable gate array）を利用すると，**HDL**（hardware description language）というプログラムによってさまざまな論理回路を自由に設計できます。この場合，動作させたい回路の設計は，原則として論理式や論理演算をそれぞれの文法に従って記述する必要があります。

論理演算は，基本的には，反転，論理積，論理和の組合せにより，あらゆる状態を的確に表現できますが，これに加えて，論理演算で重要となる定理・公式を示します。

・**優先順位**

算術演算で加減算よりも乗除算が優先されるように，論理演算においても，以下のような優先順位があります。

優先順位：[**高**]：括弧＞反転（NOT）＞論理積（AND）＞論理和（OR）：[**低**]

・**基本的な公式**

$$A \cdot 1 = A \tag{2.4}$$

$$A \cdot 0 = 0 \tag{2.5}$$

$$A + 1 = 1 \tag{2.6}$$

$$A + 0 = A \tag{2.7}$$

$$A \cdot \overline{A} = 0 \tag{2.8}$$

$$A + \overline{A} = 1 \tag{2.9}$$

これらを証明するには，A に対して 0，1 を与えて論理演算し，真理値表を作ってみればわかります。

- 二重否定

$$\overline{\overline{A}} = A \tag{2.10}$$

NOT 回路を2回かければ元に戻るということを示しています。

- 交換則

$$A \cdot B = B \cdot A \tag{2.11}$$
$$A + B = B + A \tag{2.12}$$

2入力の AND 回路，OR 回路に対する入力を入れ替えても同じということを示しています。

- 結合則

$$(A \cdot B) \cdot C = A \cdot (B \cdot C) \tag{2.13}$$
$$(A + B) + C = A + (B + C) \tag{2.14}$$

2入力の AND 回路，OR 回路をそれぞれ2段構成にし，3入力の AND 回路，OR 回路にしたとき，各入力を入れ替えても同じということを示しています。ただ，これは AND 回路，OR 回路だから成立するものであり，それぞれ後に示す NAND 回路，NOR 回路を利用したら，出力が反転されるので，この法則は当然，当てはまりません。

- べき（冪，累乗）等則

$$A \cdot A = A \tag{2.15}$$
$$A + A = A \tag{2.16}$$

算術演算とは異なり，論理演算では，同じ入力 A どうしの AND，OR は A になるということを示しています。

- 分配則

$$A \cdot (B + C) = A \cdot B + A \cdot C \tag{2.17}$$
$$A + B \cdot C = (A + B) \cdot (A + C) \tag{2.18}$$

論理演算では，論理積のほうが論理和よりも優先順位が高いので，式 (2.17) は想像しやすいと思いますが，式 (2.18) はなかなか理解しにくいでしょう。そこで，真理値表をもとにこれらの式を確認してみますと表 2.4 になり，確かにこれらの関係が成立することがわかります。

表2.4 真理値表による分配則の証明

A	B	C	$B \cdot C$	$A+(B \cdot C)$	$A+B$	$A+C$	$(A+B) \cdot (A+C)$
0	0	0	0	0	0	0	0
0	0	1	0	0	0	1	0
0	1	0	0	0	1	0	0
0	1	1	1	1	1	1	1
1	0	0	0	1	1	1	1
1	0	1	0	1	1	1	1
1	1	0	0	1	1	1	1
1	1	1	1	1	1	1	1

A	B	C	$B+C$	$A \cdot (B+C)$	$A \cdot B$	$A+C$	$A \cdot B + A \cdot C$
0	0	0	0	0	0	0	0
0	0	1	1	0	0	0	0
0	1	0	1	0	0	0	0
0	1	1	1	0	0	0	0
1	0	0	0	0	0	0	0
1	0	1	1	1	0	1	1
1	1	0	1	1	1	0	1
1	1	1	1	1	1	1	1

また，この法則を利用すると，つぎの関係も出てきます．

$$A \cdot (\overline{A} + B) = A \cdot \overline{A} + A \cdot B = 0 + A \cdot B = A \cdot B \tag{2.19}$$

$$A + \overline{A} \cdot B = (A + \overline{A}) \cdot (A + B) = 1 \cdot (A + B) = A + B \tag{2.20}$$

式 (2.17)，(2.18) の右辺から左辺への変換を考えると，つぎの関係も得られます．

$$A \cdot B + A \cdot \overline{B} = A \cdot (B + \overline{B}) = A \cdot 1 = A \tag{2.21}$$

$$(A + B) \cdot (A + \overline{B}) = A + (B \cdot \overline{B}) = A + 0 = A \tag{2.22}$$

・吸収則

$$A \cdot (A + B) = A \tag{2.23}$$

$$A + A \cdot B = A \tag{2.24}$$

これも分配則の応用事例になります．

・ド・モルガンの定理（De Morgan's theorem）

$$\overline{A \cdot B} = \overline{A} + \overline{B} \tag{2.25}$$

$$\overline{A + B} = \overline{A} \cdot \overline{B} \tag{2.26}$$

この定理は，反転を含む論理式を簡略化したり展開したりする際によく使われるものです。真理値表で確認したものを**表 2.5** に示します。

表 2.5　真理値表によるド・モルガンの定理の証明

A	B	$A \cdot B$	$\overline{A \cdot B}$	$\overline{A}$	$\overline{B}$	$\overline{A}+\overline{B}$
0	0	0	1	1	1	1
0	1	0	1	1	0	1
1	0	0	1	0	1	1
1	1	1	0	0	0	0

A	B	$A+B$	$\overline{A+B}$	$\overline{A}$	$\overline{B}$	$\overline{A} \cdot \overline{B}$
0	0	0	1	1	1	1
0	1	1	0	1	0	0
1	0	1	0	0	1	0
1	1	1	0	0	0	0

2.2　論理回路の応用

論理回路としての基本は，これまで示した NOT 回路，AND 回路，OR 回路の三つだけになります。この三つを応用すれば，あらゆる論理演算を表現できます。以下に，その応用例を示します。

2.2.1　非反転回路（バッファ回路）

図 2.4 にバッファ回路を，**表 2.6** にその真理値表を示します。論理としては，何もしない回路であり，論理式は

$$B = A \tag{2.27}$$

ですが，意外によく利用される回路です。

表 2.6　バッファ回路の真理値表

A	B
0	0
1	1

図 2.4　バッファ回路

回路構成としては，1 章の 1.2.2 項でも述べたとおり，nMOS，pMOS スイッチ回路単体では構成できないため，2.1.1 項に示した NOT 回路を 2 段構成で作成します（**図 2.5**）。

この回路は，おもにひずんだ信号の整形に用いたり，信号を意図的に遅延さ

20   2. 基本論理回路

図 2.5　バッファ回路の内部構成

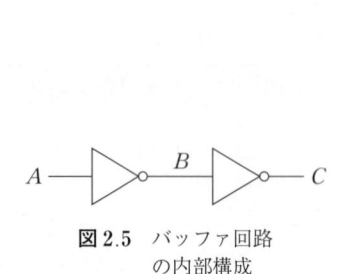

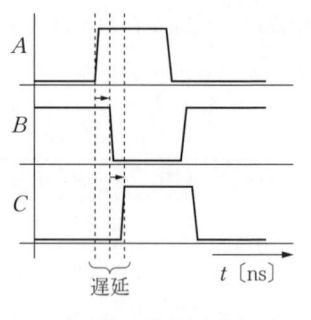

図 2.6　論理回路による信号の遅延

せたい場合に使います．あらゆるディジタル回路では，入力を与えてから対応した出力が得られるまでに，若干の遅延が生じます（**図 2.6**）．その遅延時間は，IC によってさまざまですが，数百 ps 〜数十 ns になります．回路設計においては，意図して，信号を遅らせたい場合があります．このバッファ回路は，NOT 回路二つ分の遅延時間を確保できることになります．

2.2.2　排他的論理和（XOR）

図 2.7 に**排他的論理和**（exclusive-OR）を実現する **XOR 回路**を，**表 2.7** にその真理値表を示します．真理値表を見てもわかるとおり，途中までは論理和（OR 回路）と同じ真理値表ですが，入力 $A=1$ かつ入力 $B=1$ のとき，出力 $C=0$ となるのが違いです．すなわち，排他的論理和では，入力 A，B が異なれば（排他的であれば）出力 $C=1$，入力 A，B が同じであれば $C=0$ となるものです．この回路は，二つの入力が，同じか否かの判断をするときによく用います．

図 2.7　XOR 回路

表 2.7　XOR 回路の真理値表

A	B	C
0	0	0
0	1	1
1	0	1
1	1	0

論理式としては，($A=0$ かつ $B=1$) または ($A=1$ かつ $B=0$) のとき，出力 $C=1$ になるということで

$$C=\overline{A}\cdot B+A\cdot\overline{B}=A\oplus B \tag{2.28}$$

と表します．この論理式に従って基本論理回路で構成すると，**図 2.8** のようになり，AND 回路，OR 回路，NOT 回路の組合せとなります．

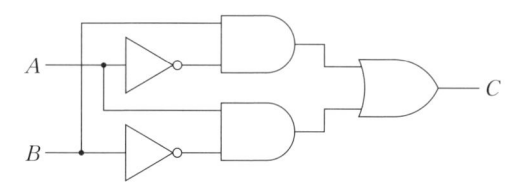

図 2.8 基本論理回路で構成した XOR 回路

2.3 ディジタル回路に適した論理演算

あらゆる論理演算は，AND 回路，OR 回路，NOT 回路の組合せで実現できます．これを CMOS 回路によって実現しようと思いますが，残念ながら，考え方を変えないと，合理的な回路を設計することができないという事実があります．本節では，NAND（Not-AND）回路，および NOR（Not-OR）回路を CMOS で実現することを例に挙げ，実用的な回路により論理演算を実行するための要領について解説します．

2.3.1 NAND 回 路

図 2.9 に NAND 回路を，**表 2.8** にその真理値表を示します．真理値表を見るとわかるように，NAND 回路では，表 2.2 の AND 回路の出力が反転されたもので，Not-AND ということから **NAND 回路**と呼ばれています．論理式は

$$C=\overline{A\cdot B} \tag{2.29}$$

となります．この回路を取り上げる理由は，その内部構成にあります．

CMOS による NAND 回路の内部構成を**図 2.10** に示します．同図のように

2. 基本論理回路

図 2.9 NAND 回路

表 2.8 NAND 回路の真理値表

A	B	C
0	0	1
0	1	1
1	0	1
1	1	0

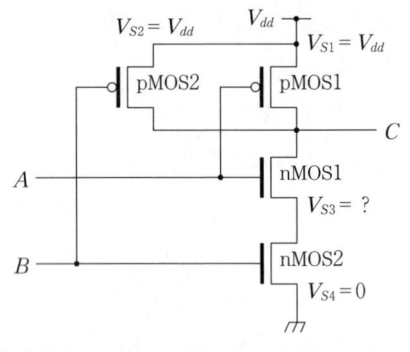

図 2.10 CMOS による NAND 回路の内部構成

(a)

pMOS1 : $V_{S1} - V_{G1} \geq V_{th}$: ∴ON
pMOS2 : $V_{S2} - V_{G2} \geq V_{th}$: ∴ON
∴$C = 1$
nMOS1 : ON/OFF 不問
$V_{S3} = ?$
nMOS2 : $V_{G4} - V_{S4} < V_{th}$: ∴OFF
$V_{S4} = 0$

(b)

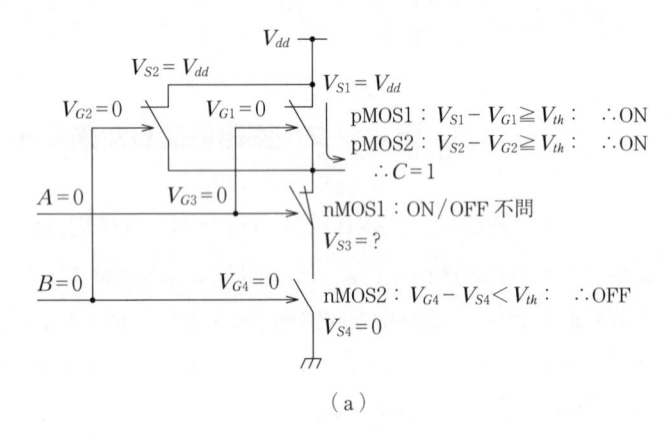

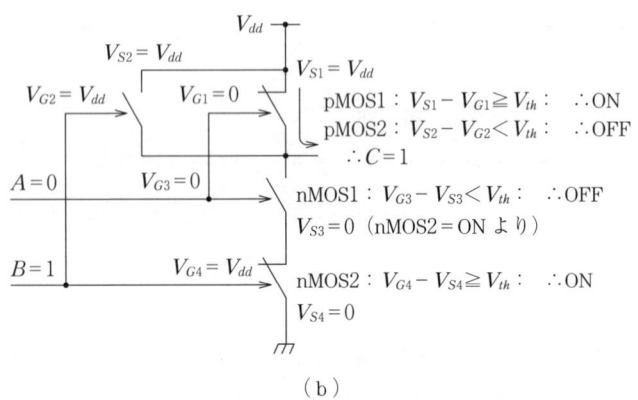

pMOS1 : $V_{S1} - V_{G1} \geq V_{th}$: ∴ON
pMOS2 : $V_{S2} - V_{G2} < V_{th}$: ∴OFF
∴$C = 1$
nMOS1 : $V_{G3} - V_{S3} < V_{th}$: ∴OFF
$V_{S3} = 0$ (nMOS2 = ON より)
nMOS2 : $V_{G4} - V_{S4} \geq V_{th}$: ∴ON
$V_{S4} = 0$

図 2.11 CMOS による

2.3 ディジタル回路に適した論理演算

nMOS を 2 個，pMOS を 2 個使うことで実現されます．

NAND 回路がこのような内部構成になる根拠は，真理値表を見て，「入力 A または入力 B のどちらかが 0 ならば，電源電圧を出力するよう，pMOS を二つ電源側に並列に配置」し，「入力 A かつ入力 B がともに 1 のとき，接地電圧を出力するよう，接地側に直列に nMOS を二つ配置」すればよい，と考えています．

1 章で示したとおり，nMOS，pMOS はスイッチとして考えればよく，入力 A，B に $0(=0\,\mathrm{V})$ または $1(=V_{dd}[\mathrm{V}])$ を与えたときの各スイッチの状態と，それに伴う出力 C の状態を**図 2.11** に示します．同図を一つひとつ追っていけ

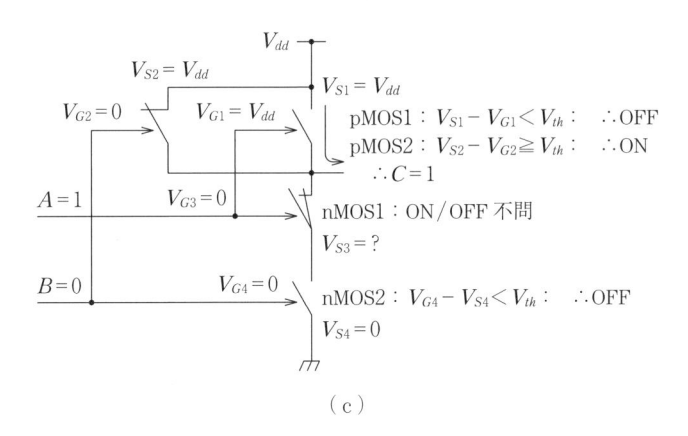

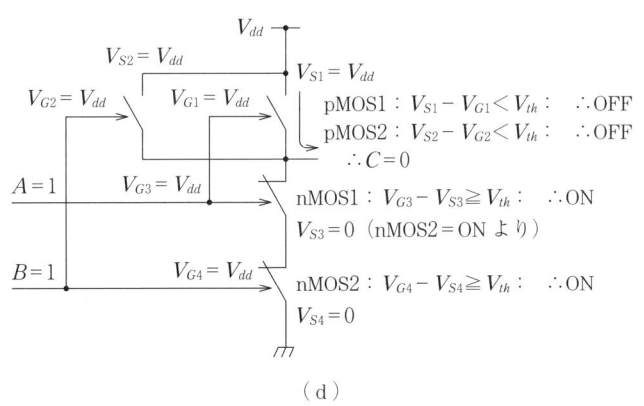

(c)

(d)

NAND 回路の動作

2. 基本論理回路

ばわかるとおり、明らかに表2.8の真理値表になります。

ただし、入力 $A=1$, $B=0$ の場合と $A=0$, $B=0$ の場合には、nMOS2 がスイッチ OFF の状態であることから、nMOS1 のソース電圧 $V_{S3}(=V_{G3})$ が定まらず、そのゲート電圧 V_{G3} による nMOS1 の動作が定まりませんが、直列に接続されている nMOS2 がスイッチ OFF なので問題になりません。

ではさかのぼって、AND 回路を実現する CMOS 回路はどのような構成になるか考えます。

AND 回路の真理値表は表2.2ですから、このような出力が得られるよう nMOS, pMOS 回路を構成すると、**図2.12** でよいのではないかと感じてしまいます。すなわち、「入力 A または入力 B のどちらかが0であれば、接地電圧側のスイッチが ON になるように pMOS を二つ<u>並列</u>に配置」し、「$A=1$ かつ $B=1$ のとき、電源側のスイッチが ON になるように nMOS を二つ<u>直列</u>に配置」すればよい、と考えると図2.12になります。

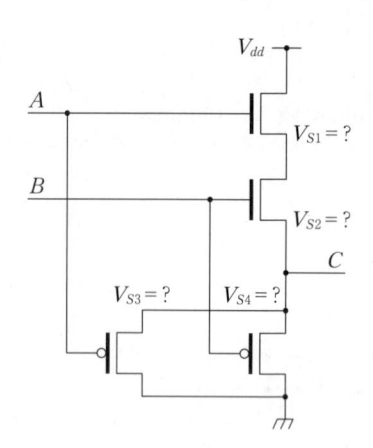

図2.12　CMOS による AND 回路
（動作せず）

しかし、1章の1.2.2項で述べたとおり、ソース電圧 V_S とバックゲート電圧 V_B が同一となる実用的な nMOS, pMOS 回路では

$$V_{S1}(=V_{B1}),\ V_{S2}(=V_{B2}),\ V_{S3}(=V_{B3}),\ V_{S4}(=V_{B4})$$

のすべての電圧が固定されず、各ゲート電圧 V_{G1}, V_{G2}, V_{G3}, V_{G4} に対する電圧の高低の判断基準が定まりません。したがって、各 nMOS, pMOS が正しく

動作する保証がなく，その結果，図2.12の回路はAND回路としては正常に動作しません。

問題の根幹は，ソース電圧とバックゲート電圧を一致する構造でMOS回路を構成していることにあります．ならばソース電圧とは別に，必要なバックゲート電圧を与えるような構造で半導体を作成すれば，AND回路も容易に構成できることになります．スイッチ回路としての基本的な特性としてはまさにそのとおりですが，バックゲート電圧を別途与えるスイッチ回路が，現在実用化されているCMOS回路と同等の速度でスイッチング特性を有するようにするには，その必要性とともに技術的な改良が必要です．

安定して高速動作するAND回路は，現状で考えられるものは**図2.13**となり，Not-NANDにより構成せざるを得なくなります．2.2.1項のバッファ回路でも説明したとおり，この構成では，スイッチ回路二つ分の遅延が発生しますので，高速動作が求められる部分には使いにくくなります．

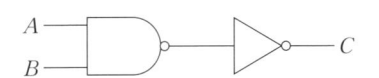

図2.13　CMOSによるAND回路の構成

このように，論理積を実行する回路が必要となった場合には，AND回路ではなくNAND回路を基本としたほうが，高速動作が可能です．ですから回路として実現する際は，AND回路ではなくNAND回路を多用して，必要な論理設計を行う必要があります．なお，後述する正論理，負論理の考え方を併用すると，NAND回路単体で論理的には完全系となります．

2.3.2　NOR 回 路

図2.14にNOR回路を，**表2.9**にその真理値表を示します．真理値表を見るとわかるように，NOR回路では，表2.3のOR回路の出力が反転されたもので，Not-ORということから**NOR回路**と呼ばれています．論理式は

$$C = \overline{A + B} \tag{2.30}$$

となります．

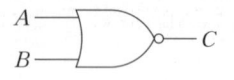

図 2.14　NOR 回路

表 2.9　NOR 回路の真理値表

A	B	C
0	0	1
0	1	0
1	0	0
1	1	0

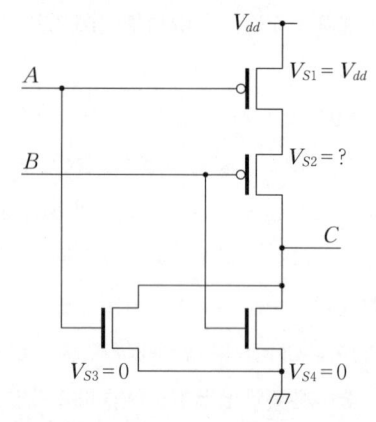

図 2.15　CMOS による NOR 回路の構成

CMOS による NOR 回路の構成を図 2.15 に示します。NAND 回路とは異なった配置で，nMOS を 2 個，pMOS を 2 個使うことで実現されます。真理値表を見てわかるとおり，CMOS による回路構成の根拠は，「入力 A かつ入力 B がともに 0 のとき，電源電圧を出力するよう，pMOS を二つ<u>直列</u>に電源側に配置」し，「入力 A または入力 B のどちらかが 1 のとき，接地電圧を出力するよう，nMOS を二つ<u>並列</u>に接地側に配置」することにより実現しています。

AND 回路と NAND 回路との関係と同様に，さかのぼって OR 回路は，図 2.16 に示すように Not-NOR 回路として構成する必要があります。やはり論理和演算は，NOR 回路を中心に構成したほうが，高速動作が期待できます。なお，NOR 回路も，単体で完全系です。

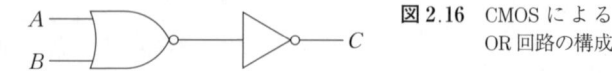

図 2.16　CMOS による OR 回路の構成

2.3.3　XOR 回路の高速化

排他的論理は，二つの入力 A, B が一致すれば 0，一致しなければ 1 となるもので，二つの入力が一致したか否かを判別する回路としてしばしば利用されます。しかし，図 2.8 のように，AND 回路，OR 回路，NOT 回路を組み合わ

せた回路ではゲートの遅延が大きくなります。そこで**図 2.17** のように nMOS，pMOS を構成する回路が提案され，高速化されています．

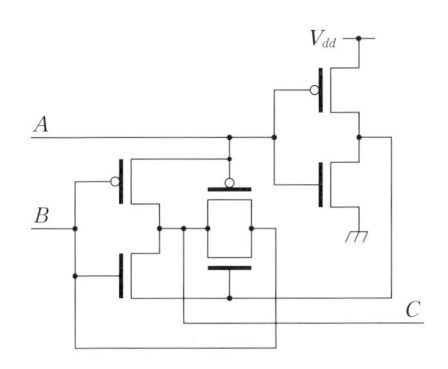

図 2.17 高速化された CMOS による XOR 回路の構成

2.3.4 多入力の論理回路

これまで扱ってきた論理回路は，基本的に 2 入力のものでしたが，より多くの入力信号に対して論理積や論理和などを取る必要性は簡単に生じます．ただそのとき，2 入力の論理回路を利用して多入力論理回路を合成したのでは，スイッチ回路の遅延がより多く発生しますので，CMOS による構成で多入力の論理回路を構成することが，より良い解決策になります．

図 2.18 には 3 入力の NAND 回路，4 入力の NOR 回路を示します．このよ

（a）3 入力の NAND 回路　　　　（b）4 入力の NOR 回路

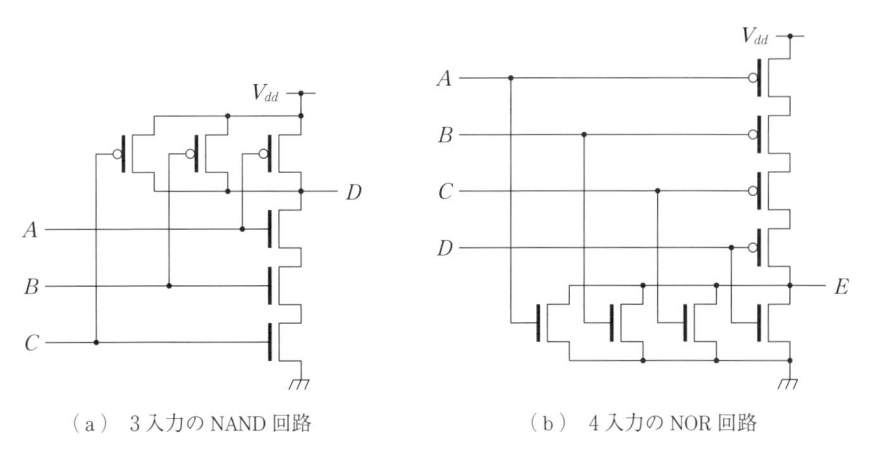

図 2.18 多入力の NAND 回路，NOR 回路

28　2. 基本論理回路

うに2入力の構成を3入力に拡張する形で構成します。

　一方，多入力XOR回路は，2入力のものとは見方を変えないといけません。これまで2入力A, Bの排他的論理和は，AとBとが異なれば1であり，同じであれば0であると説明してきました。これが3入力以上になると，入力された信号のうち，1が奇数個であれば出力は1であり，1が偶数個であれば出力は0であるという説明になります。このような多入力のXOR回路は，データ記憶装置，データ伝送装置のエラー検出法の一つである**パリティ検査**（parity check）に用いられます（図2.19）。

```
00101001 ──→ 1
01101011 ──→ 1
10011010 ──→ 0
10110101 ──→ 1
01101111 ──→ 0
  データ      パリティビット
```

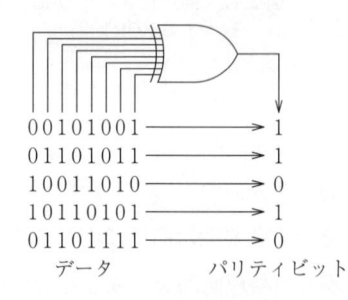

図 2.19　多入力 XOR 回路を利用
　　　　　したパリティ検査

論理式としては，2入力のXOR回路を利用して，つぎのように表します。

・3入力（A, B, C）の場合

$$E = A \oplus B \oplus C = (A \oplus B) \oplus C = (\overline{A} \cdot B + A \cdot \overline{B}) \oplus C$$
$$= \overline{(\overline{A} \cdot B + A \cdot \overline{B})} \cdot C + (\overline{A} \cdot B + A \cdot \overline{B}) \cdot \overline{C}$$
$$= \overline{(\overline{A} \cdot B)} \cdot \overline{(A \cdot \overline{B})} \cdot C + \overline{A} \cdot B \cdot \overline{C} + A \cdot \overline{B} \cdot \overline{C}$$
$$= (A + \overline{B}) \cdot (\overline{A} + B) \cdot C + \overline{A} \cdot B \cdot \overline{C} + A \cdot \overline{B} \cdot \overline{C}$$
$$= (A \cdot \overline{A} + A \cdot B + \overline{A} \cdot \overline{B} + \overline{B} \cdot B) \cdot C + \overline{A} \cdot B \cdot \overline{C} + A \cdot \overline{B} \cdot \overline{C}$$
$$= A \cdot B \cdot C + \overline{A} \cdot \overline{B} \cdot C + \overline{A} \cdot B \cdot \overline{C} + A \cdot \overline{B} \cdot \overline{C}$$

・4入力（A, B, C, D）の場合

$$E = A \oplus B \oplus C \oplus D = (A \oplus B) \oplus (C \oplus D)$$
$$= (\overline{A} \cdot B + A \cdot \overline{B}) \oplus (\overline{C} \cdot D + C \cdot \overline{D})$$
$$= \overline{(\overline{A} \cdot B + A \cdot \overline{B})} \cdot (\overline{C} \cdot D + C \cdot \overline{D}) + (\overline{A} \cdot B + A \cdot \overline{B}) \cdot \overline{(\overline{C} \cdot D + C \cdot \overline{D})}$$
$$= \overline{(\overline{A} \cdot B)} \cdot \overline{(A \cdot \overline{B})} \cdot (\overline{C} \cdot D + C \cdot \overline{D}) + (\overline{A} \cdot B + A \cdot \overline{B}) \cdot \overline{(\overline{C} \cdot D)} \cdot \overline{(C \cdot \overline{D})}$$

$$= (A+\overline{B})\cdot(\overline{A}+B)\cdot(\overline{C}\cdot D+C\cdot\overline{D})+(\overline{A}\cdot B+A\cdot\overline{B})\cdot(C+\overline{D})\cdot(\overline{C}+D)$$
$$= (A\cdot B+\overline{A}\cdot\overline{B})\cdot(\overline{C}\cdot D+C\cdot\overline{D})+(\overline{A}\cdot B+A\cdot\overline{B})\cdot(C\cdot D+\overline{C}\cdot\overline{D})$$
$$= A\cdot B\cdot\overline{C}\cdot D+A\cdot B\cdot C\cdot\overline{D}+\overline{A}\cdot\overline{B}\cdot\overline{C}\cdot D+\overline{A}\cdot\overline{B}\cdot C\cdot\overline{D}$$
$$+\overline{A}\cdot B\cdot C\cdot D+\overline{A}\cdot B\cdot\overline{C}\cdot\overline{D}+A\cdot\overline{B}\cdot C\cdot D+A\cdot\overline{B}\cdot\overline{C}\cdot\overline{D}$$

具体的に論理回路を構成する方法としては，多入力の NAND 回路，NOR 回路で構成することが，遅延を抑えられる構成になります。

2.4 正論理と負論理

これまで論理回路を「入力が 1 になり，何らかの条件がそろったら出力が 1 になる」という観点で見てきました。しかし，回路設計を行うときには，「入力が 0 になり，何らかの条件がそろったら出力を 0 にしたい」という要求も発生します。これらを総括する考え方に，正論理と負論理があります。

2.4.1 回路図に出てくる○の見方，扱い方

NAND 回路を見ると，出力に○がついています。この○は AND 回路の出力の反転（NOT 回路）を意味していますが，別の見方をしてみます。
真理値表を見ると，NAND 回路は
「入力 $A=1$ かつ入力 $B=1$ のとき，出力 C が 0 になる」
ということです。また，AND 回路では
「入力 $A=1$ かつ入力 $B=1$ のとき，出力 D が 1 になる」
ということです（図 2.20）。NOR 回路，OR 回路も考え方は同じです。
すなわち，回路の出力段に○があれば，「論理が成立すれば 0 を出力する」

$C: A=1$ かつ $B=1$ のとき，$C=0$，その他 $C=1$

$D: A=1$ かつ $B=1$ のとき，$D=1$，その他 $D=0$

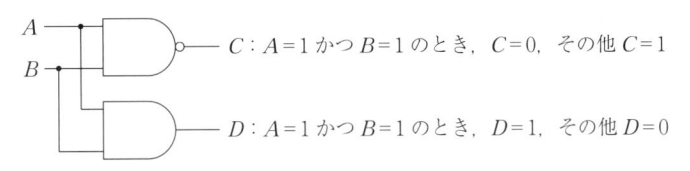

図 2.20　NAND 回路と AND 回路

という意味でもあり，出力段に○がなければ，「論理が成立すれば1を出力する」という意味になります。

さらに，AND回路，NAND回路の動作を評価するとき，「入力が1になったら」どうなるかといっている部分を再確認してください。

逆に「入力が0になったら」という観点でAND回路の真理値表を見てみましょう。するとAND回路は

「入力$A=0$または入力$B=0$のとき，出力は$D=0$になる」

といえます。論理的には「または」となるわけですから，論理和になります。この文章で表される論理回路は，**図2.21**の下側の図になります。

A	B	C=D
0	0	0
0	1	0
1	0	0
1	1	1

$C:A=1$かつ$B=1$のとき $C=1$，その他$C=0$

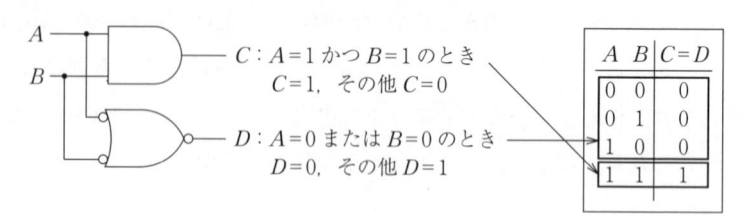

$D:A=0$または$B=0$のとき $D=0$，その他$D=1$

図2.21 AND回路の見方

NAND回路，NOR回路で利用したとおり，図中の○は「0になる」ということを示していますので，「0になったら」ということを意味するために，図では入力側にも○を付けます。

図2.21を見てもわかるとおり，上下二つの回路はともにAND回路を示しています。しかし，回路の出力側に○がなければ，真理値表の中の出力（C）が論理的に1になる部分を示し，回路の出力側に○が付いていれば，出力（D）が論理的に0になる部分を示しています。また「入力が0になったら」という条件を表すために入力側に○を付け，「入力が1になったら」という条件を表すために入力側に○を付けなければ，どのような入力が与えられたら動作させたいかを図により明快に表現できます。

このように，「入力が1になったら」，「出力が1になる」という観点で論理表現する方法を**正論理**（positive logic）といい，「入力が0になったら」，「出力が0になる」という観点で論理表現する方法を**負論理**（negative logic）とい

2.4 正論理と負論理　31

います。図 2.22 〜図 2.25 に，OR 回路，NAND 回路，NOR 回路，NOT 回路のそれぞれを，正論理，負論理で表して示します。

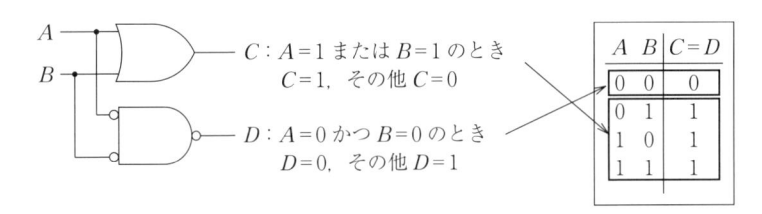

$C : A=1$ または $B=1$ のとき $C=1$，その他 $C=0$
$D : A=0$ かつ $B=0$ のとき $D=0$，その他 $D=1$

A	B	C = D
0	0	0
0	1	1
1	0	1
1	1	1

図 2.22 OR 回路の見方

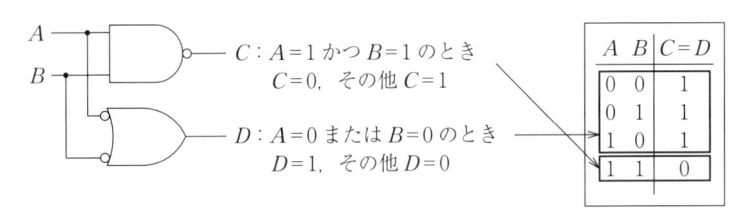

$C : A=1$ かつ $B=1$ のとき $C=0$，その他 $C=1$
$D : A=0$ または $B=0$ のとき $D=1$，その他 $D=0$

A	B	C = D
0	0	1
0	1	1
1	0	1
1	1	0

図 2.23 NAND 回路の見方

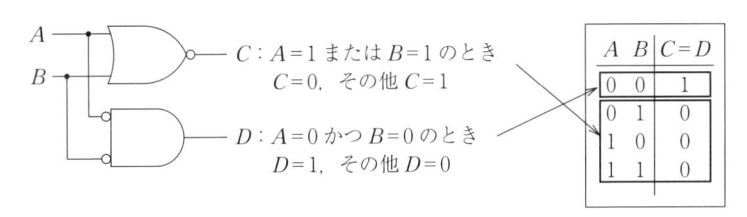

$C : A=1$ または $B=1$ のとき $C=0$，その他 $C=1$
$D : A=0$ かつ $B=0$ のとき $D=1$，その他 $D=0$

A	B	C = D
0	0	1
0	1	0
1	0	0
1	1	0

図 2.24 NOR 回路の見方

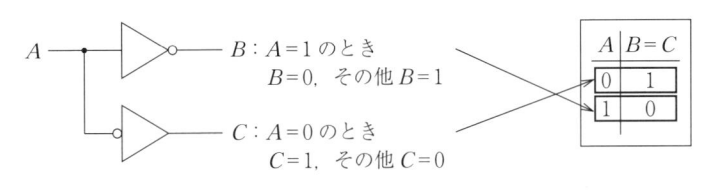

$B : A=1$ のとき $B=0$，その他 $B=1$
$C : A=0$ のとき $C=1$，その他 $C=0$

A	B = C
0	1
1	0

図 2.25 NOT 回路の見方

2.4.2 回路の改良

正論理，負論理の考え方を利用すると，小規模論理回路は，図だけで論理設計できるようになりますし，回路設計を柔軟に改良することが可能になります。

例えば，図 2.13 に示した CMOS による AND 回路を正論理，負論理の考え方で書き直すと，**図 2.26** のようになります。

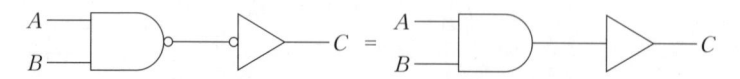

図 2.26 負論理の NOT 回路を考慮した論理回路の簡略化

同図のように，NAND 回路の出力についている〇と NOT 回路の入力についている〇が，続いて配置しています。ともに反転を意味していますので，式 (2.10) が示すとおり，2 回反転すれば元に戻ります。ですから，取り去っても同じなので（図 2.26），これは論理的には AND 回路となります。

逆に，2 回反転をかけても論理を変更しないわけですから，これを利用し回路を改良することも可能です。

例えば，**図 2.27** のような回路を考えます。同図は，AND 回路が二つ，OR 回路が一つからなる回路です。先に説明したとおり，CMOS でこの回路を作ろうとした場合，AND 回路，OR 回路ともに Not-NAND, Not-NOR で構成されますから，入力が与えられてから出力が出るまでには四つ分のゲート遅延が発生します。それにこの回路を実際に作ろうとした場合，AND 回路が入った IC と OR 回路が入った IC の 2 種類を用意する必要が生じます。

論理を変えずに改良するために，**図 2.28** のように，AND 回路の出力と OR

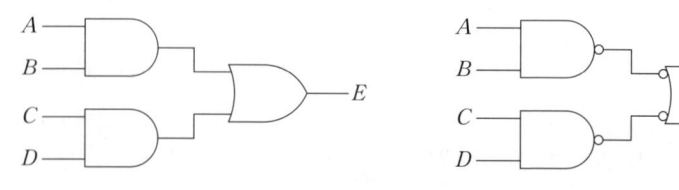

図 2.27 AND 回路と OR 回路を用いた合成回路　　**図 2.28** 反転を加えて改良した合成回路

回路の入力のそれぞれに反転を意味する○を付けてみます。すると1段目はNAND回路になりますし，さらに2段目の回路は，図2.23を見てもわかるように，やはりNAND回路になります。図2.27と同じ論理構成である図2.28の回路であれば，二つ分のゲート遅延で済みますし，NAND回路のみを用意すればよいので，部品点数も削減できます。

2.5 用途に合わせて設計された論理回路

これまでは，論理演算を実現するために必要となる各種の論理回路という観点で説明しました。しかし，実際に回路を実現するときには，電圧・電流を配慮して設計することはもちろん，配線による信号のひずみや外部・内部により発生する雑音についても十分に配慮しないと，誤動作の原因になります。その結果，論理的には同じ回路であっても，さまざまな特徴を持ったディジタル回路が考案され，使い分けられています。

2.5.1 オープンドレーン回路

図2.29のように多くの回路から出力される信号の負の論理和をとり，どこかの回路から0の信号が与えられたら出力 $E=0$ としたいという回路があったとします。この回路は，小規模なコンピュータのCPUにおいて，外部回路からの割込み信号を受け付ける回路としてよく用いられます。もし，入力される信号の本数が確定できるのであれば，同図のようにそれに見合った入力数を持

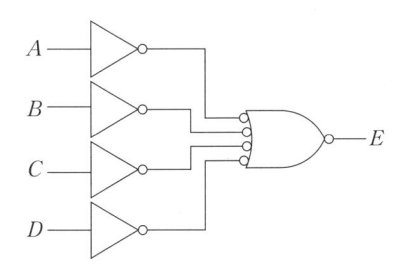

図 2.29 多数の信号の負論理の OR 回路 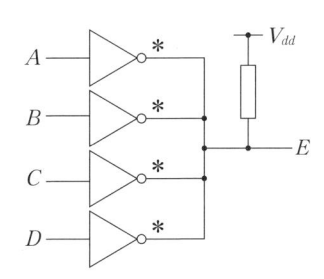　　**図 2.30** ワイヤード接続された回路

つ負の論理和回路を用意すればよいのですが，外部回路を柔軟に拡張したい場合には，本数が確定できないこともあります．

そのような場合には，オープンドレーン回路を利用し，**図 2.30** のように出力をじかに結線する方法をとることができます．オープンドレーン回路は，出力段に ∗ のマークが付きます．この構造であれば，対処可能な入力信号の本数に制限がなくなりますし，あとで入力信号を追加することも簡単にできます．このような配線を**ワイヤード接続**といいます．

もし，一般的な CMOS 回路を図 2.30 のようにワイヤード接続した場合，入力の与え方によっては，**図 2.31** のように電源と接地が短絡されてしまう場合もあります．このとき，大電流が流れ，pMOS2，nMOS1 のスイッチ回路はかなり高い確率で故障してしまいます．

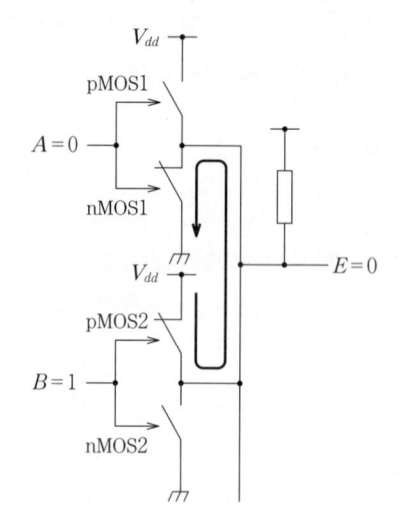

図 2.31 通常の NOT 回路をワイヤード接続した場合

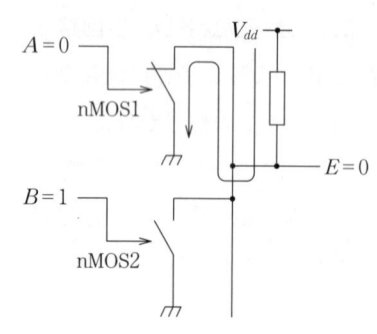

図 2.32 オープンドレーン回路によるワイヤード接続

オープンドレーン回路によるワイヤード接続では，内部構成は**図 2.32** のようになっており，電源側の pMOS1，pMOS2 がなく，nMOS1，nMOS2 のドレーン側が解放されています．このようなオープンドレーン回路を図 2.30 のように配線すると，多数の信号のどれかが 0（nMOSx が ON）になれば，$E=0$ に

なるという動作を実現できます。論理的には AND 回路（または負論理の OR 回路）と同じになります。

図 2.30 を見ると，多数の信号を結線するポイントに抵抗を付け，電源につっています。全信号の出力段の nMOS が OFF のとき，この抵抗があることで，E の部分の電圧が V_{dd}（= 論理 1）に確定できます。これを**プルアップ抵抗**（pull-up resistance）と呼びます。

2.5.2 シュミットトリガ回路

実際にディジタル回路で論理回路を作成すると，論理設計以外にもさまざまな要素を考慮しないと，設計どおりの動きが実現できません。特に，電源をはじめとする多くの部品や内部・外部の回路，交流電源を利用する周囲の蛍光灯などのさまざまな装置では，しばしば**ノイズ**（noise，**雑音**）が発生し，回路内部の信号に混入してくることがあります。

ディジタル回路は，0 V と V_{dd}〔V〕との二つの電圧のみを扱うのが原則ですが，そこにノイズが混入すれば，その原則が簡単に崩れます（**図 2.33**）。通常の回路に対して，このようなノイズが混入した信号が与えられれば，同図の出力 B のように，その出力信号がでこぼこしたものになります。同図の出力 B の波形は，ノイズが混入された入力信号がしきい値 V_{th}（= $V_{dd}/2$〔V〕）を再三

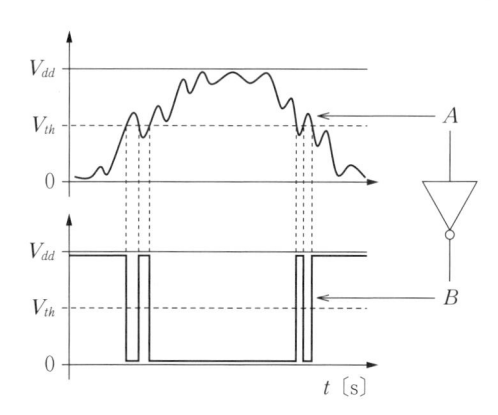

図 2.33 ノイズが混入された入力信号 A に対する NOT 回路の出力 B

にわたってまたいでしまうために発生するもので，これを**チャタリング**（chattering）といいます．しかし，現実的には，しきい値のみならず**ノイズマージン**（noise margin）の影響も受けたうえで出力 B は決まりますので，出力の波形はさらに複雑なものになり，明らかに誤動作の原因になります．

このようなチャタリングは，信号線を長く伸ばして配線する場合にしばしば生じます．信号線が長ければ，ノイズにさらされる機会が増えるからと考えてよいでしょう．

このような状況下で，少しでも安定動作をさせる回路として**シュミットトリガ回路**（Schmidt trigger circuit）が用いられます（**図 2.34**）．

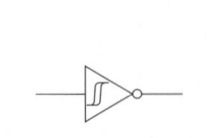

図 2.34 シュミットトリガ型 NOT 回路

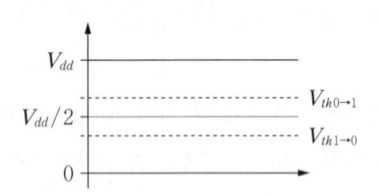

図 2.35 シュミットトリガ回路の二つのしきい値

この回路には，**図 2.35** のように，二つのしきい値が存在します．すなわち，0 から 1 に変化するとき超えなければならないしきい値 $V_{th0\to1}$ と，1 から 0 に変化するとき下回らなければならないしきい値 $V_{th1\to0}$ です．このような回路に対して，ノイズが混入された信号を与えた状態を**図 2.36** に示します．

同図の区間 $[0, t_a]$ では，NOT 回路の入力状態は 0 であり，出力を変更するためには $V_{th0\to1}$ を超える必要があります．入力信号 t_a のタイミングで一瞬 $V_{th0\to1}$ を超えたため，NOT 回路の出力状態は変わります．この瞬間，NOT 回路のしきい値も $V_{th1\to0}$ に変わります．ですから同図のように t_a の直後に $V_{th0\to1}$ を下回ったとしても，チャタリングは生じません．その後，t_b において入力信号が $V_{th1\to0}$ を一瞬下回り，NOT 回路の出力状態が変わります．あわせてしきい値が $V_{th0\to1}$ に変わるため，ここでもチャタリングは発生しません．

もちろん，この特性で対処可能なノイズの最大振幅は，$|V_{th0\to1} - V_{th1\to0}|$ 未

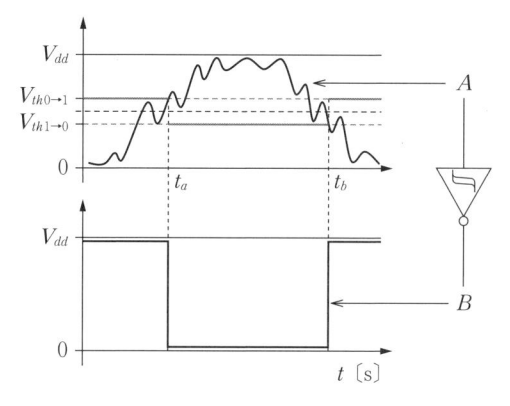

2.5 用途に合わせて設計された論理回路

図 2.36 シュミットトリガ回路の出力信号

満になります。CMOS 回路では，約 0.8 V の振幅になりますので，基板内で発生するノイズに対する対策としては十分なものと考えられます。

シュミットトリガ回路による NOT 回路の内部構成を**図 2.37** に示します。通常の NOT 回路の pMOS，nMOS スイッチ回路をそれぞれ pMOS1, pMOS2, nMOS1, nMOS2 のように直列に接続するとともに，直列に接続されたスイッチ回路の中央の電位 V_P, V_N と出力 B に従って動作する pMOS3, nMOS3 が追加された構成になっています。

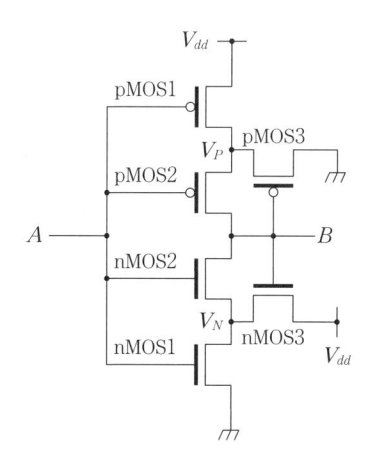

図 2.37 シュミットトリガ回路による NOT 回路の内部構成

2.5.3 差 動 回 路

シュミットトリガ回路では，約 0.8 V の振幅のノイズが入力信号に混入されたとしても，出力信号にはチャタリングは発生しません。しかし，回路基板の外部に信号を出すときのように配線が長くなる場合は，ノイズに対する対策だけでは済まなくなります。最も気を付けるべきことは，接地電圧の確保です。

通常のディジタル回路はもちろんのこと，シュミットトリガ回路でも，入力信号の電圧が，接地電圧に対してしきい値を超えたか否かで判断されます。すなわち，入力を A，出力を B とすると

$$B = \begin{cases} 1 : A > V_{th} \\ 0 : A < V_{th} \end{cases} \tag{2.31}$$

となり，入力 A，しきい値 V_{th} ともに接地電圧に対する電位差で判断されます。その接地電圧は通常 0 V と考えますが，図 2.38 のように配線が長距離にわたって伸ばされた場合，配線の両端での接地電圧は相対的にそれぞれ 0 V と考えても問題はないですが，配線の両端の接地電圧を等しく保つこと自体が困難になります。それは，配線に用いる銅線の抵抗が 0 Ω/m ではないことからくるもので，配線の両端で電位差は発生して当然です。もちろんノイズも混入されてくるでしょう。

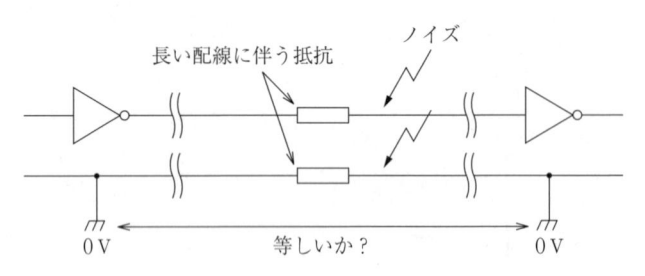

図 2.38　長距離配線の様子

このように，接地電圧が判断基準として採用しにくい環境で用いられるのが，**差動回路**（differential circuit）です（図 2.39）。

この回路では，一つの入力信号 A から二つの出力信号 B と $\overline{B}$ を発生させる

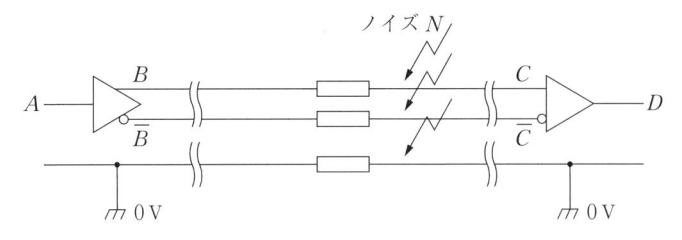

2.5 用途に合わせて設計された論理回路

図 2.39 差動回路による長距離配線

回路と，二つの入力信号 C と $\overline{C}$ を得て一つの出力信号 D を発生させる回路が対になります。一般的には

$$B = A, \quad \overline{B} = \overline{A} \tag{2.32}$$

であり，また

$$D = \begin{cases} 1 : C - \overline{C} > 0 \\ 0 : C - \overline{C} < 0 \end{cases} \tag{2.33}$$

の関係が成り立ちます。特に式 (2.33) では，式 (2.31) と異なり，二つの信号 C と $\overline{C}$ との比較により出力 D が決まるため，接地電圧を厳格な判断基準にしなくて済みます。

さらに，長距離配線により信号 C と $\overline{C}$ にノイズが混入された場合について考えます。C と $\overline{C}$ の信号線は，一般に並べて配線しますので，ノイズが混入される条件はきわめて近いはずです。したがって，混入されるノイズ信号を N とすると，理想的には

$$C = B + N \tag{2.34a}$$
$$\overline{C} = \overline{B} + N \tag{2.34b}$$

となることが想定できます。これらを式 (2.33) の右辺にある $C - \overline{C}$ に代入すると

$$C - \overline{C} = B + N - \overline{B} - N = B - \overline{B} \tag{2.35}$$

となり，ノイズ N を相殺して，信号源である B と $\overline{B}$ との差分で判断することができます。

この方式は，数 [m] の長距離配線を行う **USB**（universal serial bus）や，

パソコンのメインボードとハードディスク・光学ドライブとを接続する**Serial ATA**（advanced technology attachment）などの仕様の基本になっています。

2.5.4　3ステートロジック回路

これまで扱ってきた論理回路は，$0(=0\,\mathrm{V})$ と $1(=V_{dd}\,\mathrm{[V]})$ との二つの状態（state）を持ったものです。この二つの状態に高インピーダンス（High-Z）状態を加え，三つの状態が取り得る論理回路を，**3ステートロジック回路**（three-state logic circuit）といいます。

3ステートロジック回路によるNOT回路を**図 2.40**に示します。このNOT回路は，入力 A，出力 B までは通常のNOT回路と同じですが，これに入力 C が追加されています。この回路の真理値表を**表 2.10**に示します。入力 $C=1$ であれば，通常のNOT回路として動作しますが，$C=0$ のときは入力 A によらず出力 B が High-Z 状態となります。

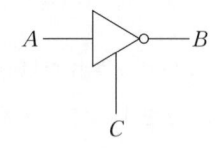

図 2.40　3ステートロジック回路によるNOT回路

表 2.10　3ステートロジック回路によるNOT回路の真理値表

A	C	B
0	0	High-Z
1	0	High-Z
0	1	1
1	1	0

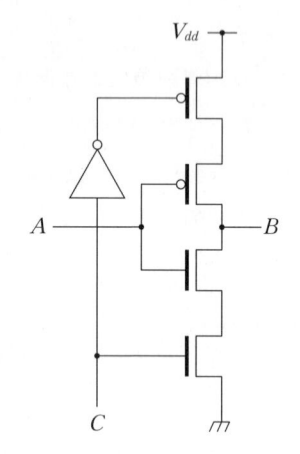

図 2.41　3ステートロジック回路によるNOT回路の内部構成

ここで，High-Z 状態の意味を理解するために，3ステートロジック回路によるNOT回路の内部構成を**図 2.41**に，その動作をスイッチで表したものを**図**

2.5 用途に合わせて設計された論理回路

2.42 に示します。この図から，入力 C により開閉するスイッチが電源側および接地側に一つずつ置かれていることがわかります。このスイッチが ON のとき（同図（a））には通常の NOT 回路として動作しますが，スイッチが OFF のときには（同図（b））, 電源側および接地側との接続が断たれ，出力 B は宙に浮いた形になります。すなわち出力 B は，たとえどこかに配線がされていたとしても何も接続されていない状態で，事実上回路が切れている状態になります。この状態を**高インピーダンス**（High-Z）**状態**と呼んでいます。

この回路は，図 2.43 のようなバス方式の実現に不可欠な回路です。

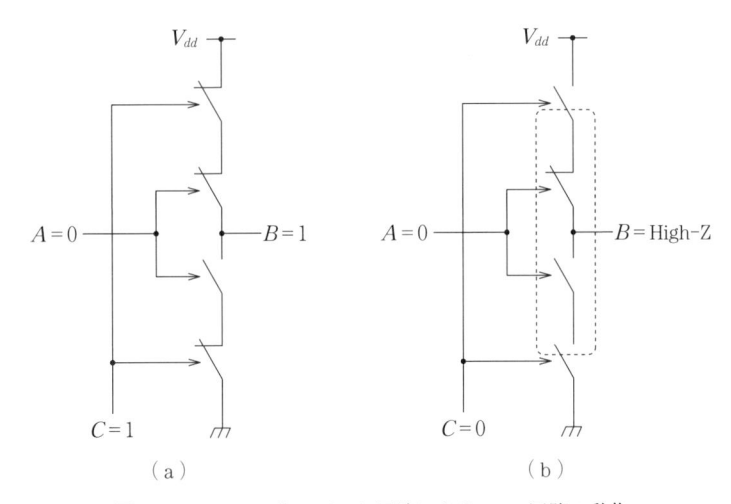

図 2.42 3 ステートロジック回路による NOT 回路の動作

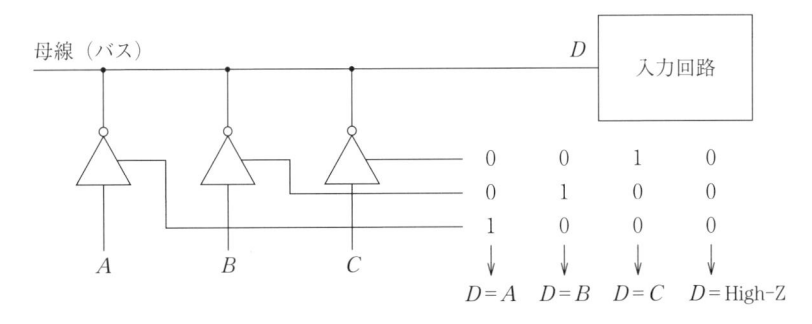

図 2.43 バス方式による信号の選択

バス方式は，1本の信号線（**母線**（bus）と呼びます）に対して多数の信号を配線しながら，ある1本の信号のみを，他の信号の影響を受けずに，回路に接続するものです。一見するとオープンドレーン回路を利用したワイヤード接続のように見えますが，目的はまったく異なります。ワイヤード接続は，複数の出力を負の論理和を取ったうえで1本の信号線に接続するものです。それに対して，3ステートロジックを利用したバス方式では，選択された一つの信号が，他の信号の影響を受けることなく，母線に接続された回路に与えられます。しかも，母線に接続する信号は，後に追加，削除も可能です。ここで，母線に信号を乗せることができる信号は，当然切替えは可能ですが，同時に2本以上同時に選択されることがないように設計する必要があります。2本以上同時選択すると，ワイヤード接続の所で解説したように，故障の原因になります。

この3ステートロジック回路によるバス方式は，コンピュータに対してさまざまな外部装置を柔軟に追加/削除などを行うことができるようになった非常に重要な技術です。

しかし近年，コンピュータの処理が非常に高速化されているため，母線に接続されている回路も高速に動作させる要求が高まっています。CPUの母線をメインボード上にそのまま配線すると，それだけで負荷が高まり高速動作が難しくなるため，高速な母線はICの中でのみ活用する方向になっています。

2.5.5　論理ICのパッケージ

実験的に利用するICは，**DIP**（dual inline package）型 IC が多いでしょう。この型のICは，ピン間が0.1インチ（=2.54 mm）で，基板を貫通する構造であり，現在では実用的な構造，サイズとはいえません。現在では，同様の素子を内蔵し表面実装を可能にした小型パッケージとして，**SOP**（small online package）型や **TSOP**（thin SOP）型，**TSSOP**（thin shrink SOP）型などがあります。図2.44には，14ピンの論理ICを例にしたときのDIP型，SOP型，TSSOP型それぞれの外観を同じ縮尺で示しています。

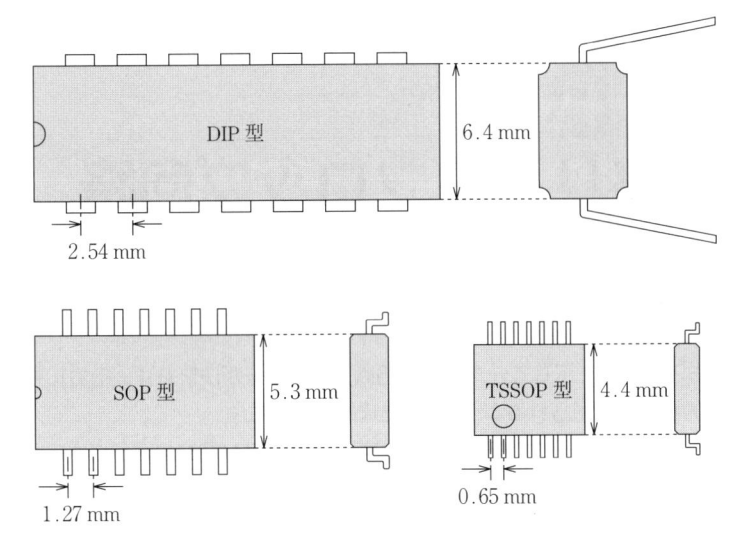

2.5 用途に合わせて設計された論理回路 43

図 2.44 14 ピンの論理 IC の外観

このほか，電源として利用する電圧も従来であれば 5 V で固定されていましたが，CMOS 回路の特性を活用して，さまざまな電源電圧に対応する IC が提供されています。適切な IC を選択するためにも，規格表や各メーカの IC 仕様書を熟読し選択する必要があります。

なお，同じ論理回路が同数，同配置で提供されている IC でも，提供するメーカによって IC の製造手法が異なっており，どの程度の根拠を持って判断されるかはさまざまですが，経験的に特性や経年変化に差異があると認識されています。

3 フリップフロップ回路

1章および2章で示してきた論理回路は，入力信号が決まれば，それに対応した一意的な出力が得られるよう設計できる回路でした。

しかし，コンピュータの記憶素子の代表であるメモリ回路のように，与えられた情報を記憶するものもあります。その記憶された情報を読み出す状態を考えれば，記憶された情報に従って1または0が出力され，状況によって変化します。このように，情報の記憶やそれを応用とした高度処理を行う基本的な回路がフリップフロップ（**flip-flop**）回路です。以降，FF 回路と呼びます。

FF 回路にはいくつかの種類があり，それぞれ特徴や用途が違います。本章では，FF 回路の動作，特徴，用途について解説します。

3.1 RS-FF 回路

ここでは，FF 回路の基本形である RS-FF 回路の構造，特徴，および利用について説明します。なお RS は，Reset，Set からきています。

3.1.1 内部構造と動作

図 3.1 に RS-FF 回路を示します。同図に示すように，二つの NAND 回路の

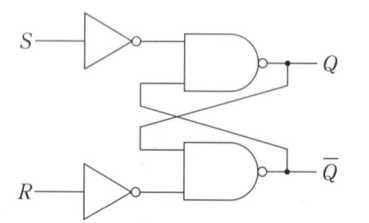

図 3.1 RS-FF 回路

3.1 RS-FF 回 路　　45

出力と入力をたすき掛けに配線しています。この回路に，入力 R, S に 0 または 1 の値を与えた場合の動作を**図 3.2** に示します。

(a)

(b)

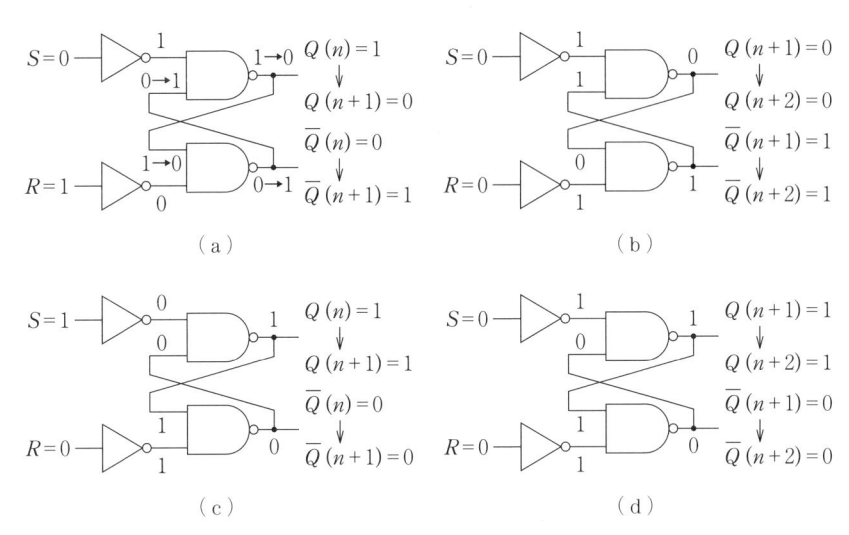

(c)

(d)

図 3.2　RS-FF 回路の動作

現在の時点 n の FF 回路の出力を $Q(n)=1$, $\overline{Q}(n)=0$ とします。

図 3.2（a）では，入力が $R=1$, $S=0$ になることにより，つぎの時点 $n+1$ での出力は $Q(n+1)=0$, $\overline{Q}(n+1)=1$ で安定します。また，同図（c）のように $R=0$, $S=1$ になったときには，出力は $Q(n+1)=1$, $\overline{Q}(n+1)=0$ で安定します。しかし，同図（a）から同図（b）へ，または同図（c）から同図（d）に移り $R=0$, $S=0$ になったときには，これまで同図（a），同図（b）の出力がそれぞれ保持され $Q(n+2)$, $\overline{Q}(n+2)$ が得られます。

一方，**図 3.3** のように $R=1$, $S=1$ になった場合には，出力 Q とその反転 $\overline{Q}$ の関係が成り立たず，両方とも 1 になってしまいます。このように RS-FF 回路では，$R=1$, $S=1$ が利用禁止状態になります。これらを考慮すると，RS-FF 回路の真理値表は**表 3.1** のようになります。ここで，$Q(n)$ は直前の状態を示し，$Q(n+1)$ はつぎの状態を表しています。すなわち，RS-FF 回路は，$R=0$, $S=0$ となったとき，その直前の状態を保持するという機能があり，こ

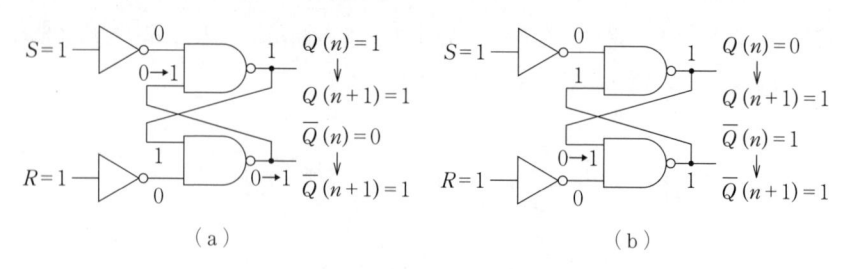

図 3.3 RS-FF 回路の禁止入力を与えた状態

表 3.1 RS-FF 回路の真理値表

S	R	$Q(n+1)$
0	0	$Q(n)$
0	1	0
1	0	1
1	1	禁止

れがコンピュータにおけるメモリ回路の基本原理になっています。

3.1.2 状態遷移図

論理回路の動作を評価する方法には真理値表がありますが，FF 回路の場合，直前の状態が 0 か 1 かによって出力の 0，1 が決まるため，一般的には表 3.1 のように表します。そこで，直前の出力 $Q(n)$ も入力とし真理値表を書き直すと，**表 3.2** のようになります。これも RS-FF 回路の真理値表になりますが，FF 回路の場合，出力 Q を現在の「状態」と見て，そこに R, S が与えられたら状態がどのように変わるのか，という観点で評価することがあります。その

表 3.2 $Q(n)$ を入力とした RS-FF 回路の真理値表

S	R	$Q(n)$	$Q(n+1)$
0	0	0	0
0	0	1	1
0	1	0	0
0	1	1	0
1	0	0	1
1	0	1	1
1	1	0	禁止
1	1	1	禁止

評価を表したものが**図 3.4** で，**状態遷移図**（state transition diagram）といいます。

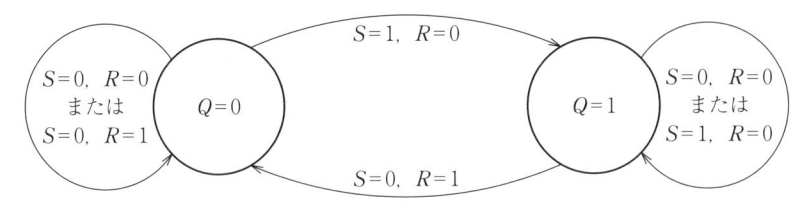

図 3.4　RS-FF 回路の状態遷移図

さまざまな作業を条件に従って順次実行する場合には，FF 回路を多数接続し，状態の移り変わりを評価するときがあります。その状態の移り変わりの条件を評価するのには，状態遷移図が有効です。

3.1.3　利　用　例

RS-FF 回路は，**図 3.5** のように，入力段の NOT 回路を取り去ることもできます。この場合，与えられる入力信号は図 3.1 とは反転されたものとなりますので，真理値表も**表 3.3** のように表したほうがわかりやすいでしょう。

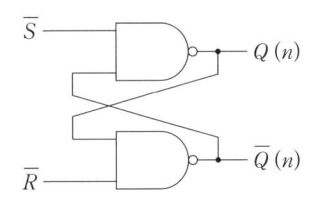

図 3.5　NOT 回路を取り去った RS-FF 回路

表 3.3　図 3.5 の回路の真理値表

$\overline{S}$	$\overline{R}$	$Q(n+1)$
1	1	$Q(n)$
1	0	0
0	1	1
0	0	禁止

この回路は，スイッチの**チャタリング防止回路**としてよく用いられます。その回路を**図 3.6** に示します。機械式のスイッチでは，切替え時に接点がはねることがあり，チャタリングの原因になります。しかし RS-FF 回路を用いたこの回路では，一瞬でも接点がふれ $\overline{R}=0$，$\overline{S}=1$ または $\overline{R}=1$，$\overline{S}=0$ になりさえすれば，そのあと接点がはねても $\overline{R}=1$，$\overline{S}=1$ の状態になり，RS-FF 回路の特性により直前の状態を保持されるため，チャタリングが発生せずに済みます。

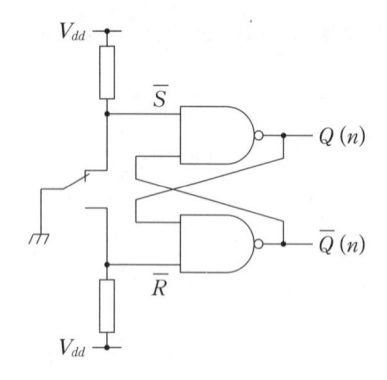

図3.6 スイッチのチャタリング防止回路

3.1.4 ノイズ対策

論理回路を実際に作成し正常に動作させるには，周囲から混入するノイズを適正に対処しなければなりません。2章で示してきた論理回路では，信号へのノイズの混入を想定して，シュミットトリガ回路や差動回路などを用いることを考えてきましたが，そもそも，たとえ出力信号にノイズが混入したとしても，その出力信号の状態（0か1）が変わることはありません。

しかし，FF回路では状況が異なります。図3.7に示すように，一方のNAND回路の出力である Q は，もう一方のNAND回路の入力でもあります。この出力 Q にノイズが混入した場合，もう一方のNAND回路の入力に影響を与え，巡り巡って出力 Q 自体を変更してしまうことがあります。特に，CMOSのゲートのような高入力インピーダンスを伴う回路では，ノイズの影響は顕著に表れます。

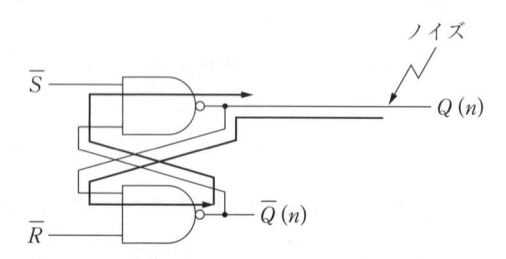

図3.7 RS-FF回路の出力にノイズが混入した場合

このように FF 回路の出力を配線する場合には，巡り巡って出力が変わらないよう，**図 3.8** のように，可能な限り近い位置に NOT 回路などを付ける必要があります。

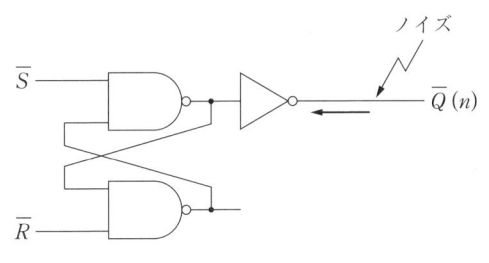

図 3.8 ノイズの遮断を考慮した FF 回路

このことはすべての FF 回路でいえることなので，注意が必要です。なお，MOS 系の FF 回路が内蔵されている市販品の IC では，この特性が考慮され，出力段には NOT 回路などが入っています。

3.1.5 マスタスレイブ型 FF 回路

実際に FF 回路を利用する場合，二つの入力信号である R と S が同時に変化しながら FF 回路に与えられるというのは，意外に困難なことです。R と S を与えるタイミングがずれれば，表 3.2 の真理値表に従って，一瞬，意図しない状態になることも考えられます。

そこで，**図 3.9** のように AND 回路を前段に置き，さらに CLK という別の信号でタイミングをとる方法が考えられます。これを**クロック同期型 FF 回路**

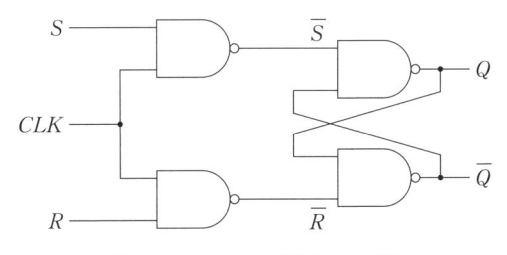

図 3.9 クロック同期型 FF 回路

といいます。ただし，同図の回路では，CLK が 1 の時間帯に R, S の値が変われば，それに従って出力も変化します。用途によっては，CLK が 1 の時間帯には出力が動いてほしくないという要求もあり得ます。

そこで，**図 3.10** のように，クロック同期型 FF を 2 段構成にする手段があります。2 段目の FF2 には CLK が反転されて与えられているので，CLK が 1 のとき，FF2 では $CLK2=0$ により $R2=0$, $S2=0$ となり，出力 $Q2$, $\overline{Q2}$ は変化しません。CLK が 0 になると，今度は 1 段目の FF1 が $CLK1=0$ となり $R1=0$, $S1=0$ となるので出力 $Q1$, $\overline{Q1}$ は保持されます。FF2 の入力 $S2$, $R2$ には，$Q1$, $\overline{Q1}$ が与えられ，それに従って $Q2$, $\overline{Q2}$ が出力されます。このとき $Q1$, $\overline{Q1}$ は保持され動かないので，結果として $Q2$, $\overline{Q2}$ も変化しません。結果として図 3.10 の回路では，CLK が 1 から 0 に変化したときだけ，出力 $Q2$, $\overline{Q2}$ が変化する FF となります。このような構成を，**マスタスレイブ型 FF 回路**といいます。

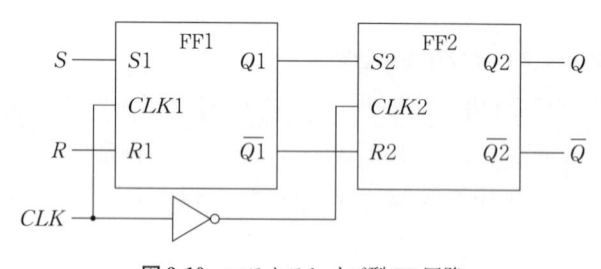

図 3.10 マスタスレイブ型 FF 回路

なお，クロック同期型 FF やマスタスレイブ型 FF 回路は，FF 回路の構成法であり，RS-FF 回路だけではなくほかの FF 回路にも適用できます。

3.2　JK-FF 回路

JK-FF 回路は，RS-FF 回路の入力禁止状態（$R=1$, $S=1$）を改善したもので，**図 3.11** のような内部構成をしています。この JK-FF 回路の真理値表を**表 3.4** に示します。このように，$J=1$, $K=1$ のときには，前の記憶状態を反転し

3.2 JK-FF 回路　51

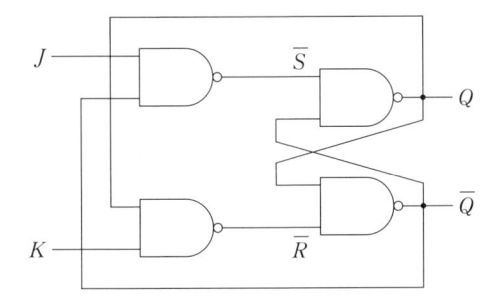

表 3.4 JK-FF 回路の真理値表

J	K	$Q(n+1)$
0	0	$Q(n)$
0	1	0
1	0	1
1	1	$\overline{Q(n)}$

図 3.11 JK-FF 回路

たものが出力されるようになっています。**表 3.5** に出力 $Q(n)$ までを入力としたときの真理値表を，**図 3.12** に状態遷移図を示します。

このように JK-FF 回路は，RS-FF 回路の問題点を改善したもの，という説

表 3.5 出力 $Q(n)$ までを入力とした JK-FF 回路の真理値表

J	K	$Q(n)$	$Q(n+1)$
0	0	0	0
0	0	1	1
0	1	0	0
0	1	1	0
1	0	0	1
1	0	1	1
1	1	0	1
1	1	1	0

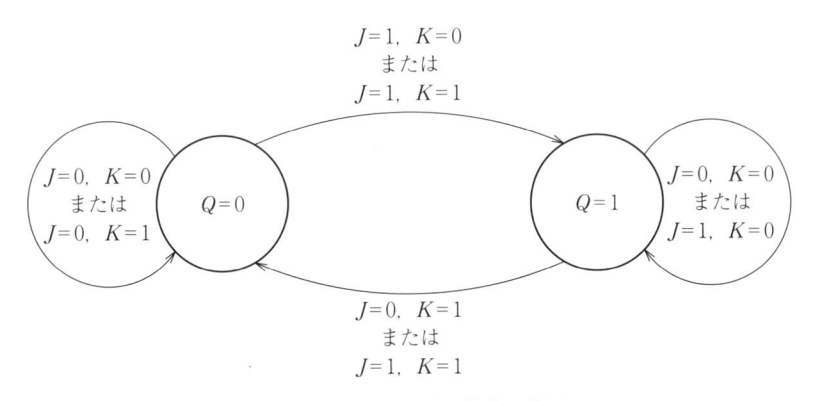

図 3.12 JK-FF 回路の状態遷移図

明が一般的ですが，やはり問題はあります。

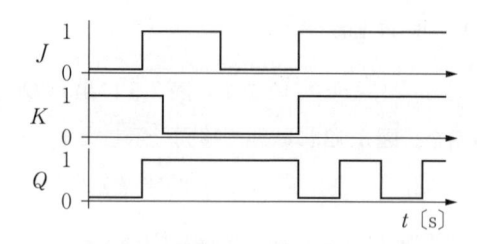

$J=1$, $K=1$のとき，新たな状態$Q(n+1)$はその直前の出力の反転$\overline{Q}(n)$が出力されます。しかし，$J=1$, $K=1$が一定時間以上与えられ続けたらさらに状態が反転され，結果として出力Qは0, 1, 0, 1, …のように発振してしまいます。その発振の様子を**図3.13**に示します。なお，各信号の時間変化や応答を表すこの図を**タイムチャート**（time chart）といいます。

図3.13　JK-FF回路のタイムチャート

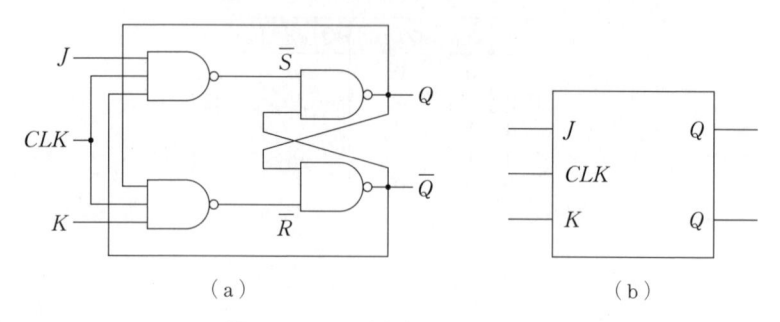

図3.14　CLKを加えたJK-FF回路

このような発振を防止する方法の一つには，**図3.14**のように，CLK入力を与える方法があります。このCLKがきわめて短時間（正確にはFF回路の状態が安定するために必要な時間）だけ1になるような信号であれば，発振はせずに済みます。その様子を**図3.15**に示します。

ただし，図3.14の回路でも，CLKが1になる幅を適正に決めないと，期待する動作が得られません。そこでJK-FF回路を**図3.16**のようにさらに改善します。この回路は，CLKが0から1に変わった瞬間のみJK-FF回路の動作をします。そのタイムチャートを**図3.17**に示します。

3.2 JK-FF 回路　　53

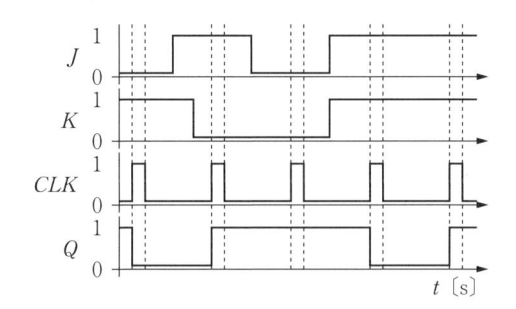

図 3.15　CLK を加えた JK-FF 回路のタイムチャート

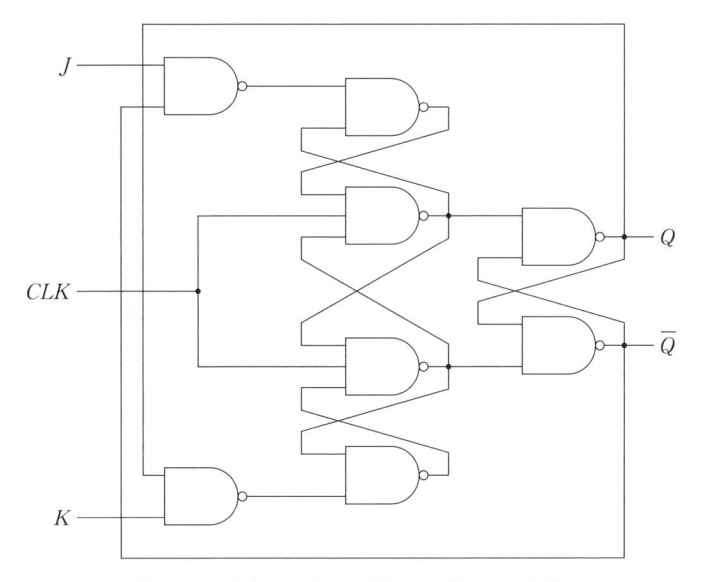

図 3.16　ポジティブエッジトリガ型 JK-FF 回路

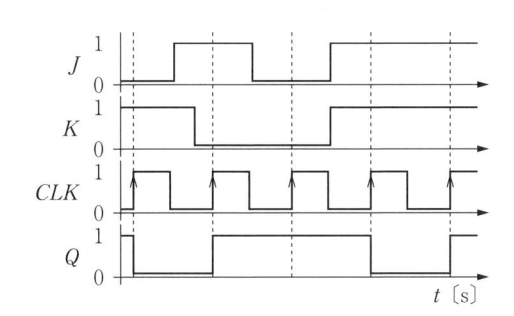

図 3.17　ポジティブエッジトリガ型 JK-FF 回路のタイムチャート

3. フリップフロップ回路

このように，CLKの立上りのときに動作するものを，**ポジティブエッジトリガ型**（positive edge trigger type）といい，回路図では**図3.18**のように，入力CLKの部分に三角のマークをつけて区別します。このほか，CLKなどの立下り時に動作するものは，**ネガティブエッジトリガ型**（negative edge trigger type）といい，回路図では**図3.19**のように表して区別します。

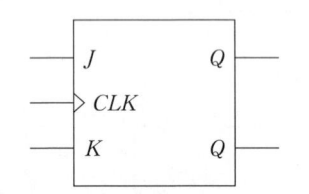

図3.18 ポジティブエッジトリガ型 JK-FF回路の回路図

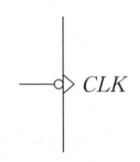

図3.19 ネガティブエッジトリガのマーク

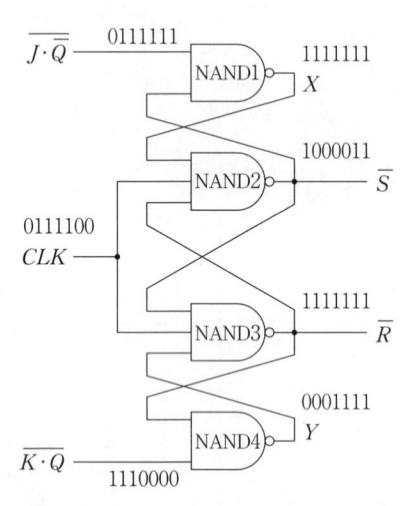

図3.20 ポジティブエッジトリガを実現する回路

ところで，図3.14と図3.16を比較すると，CLKの立上りでJK-FF回路を動作させるための回路は，**図3.20**がカギになっていることがわかります。この回路の動作について考察します。なお，考察の条件としては，つぎのとおりとします。

① 初期状態：$CLK=0$, $Q=0$, $\overline{Q}=1$, $J=1$, $K=0$ となっているものとします。したがって，$\overline{J \cdot \overline{Q}}=0$, $\overline{K \cdot Q}=1$ です。
② ここで，CLKが0から1に変化します。
③ CLKが1で回路が安定しているときに，$J=0$, $K=1$ に変更します。
④ CLKが0に戻ります。

この四つの動作を行ったときの，回路内各点の状態の変化を図3.20にあわせて示します。まず

① 初期状態：$CLK=0$ より，NAND2，NAND3 の入力の一つが 0 になるので，出力は必ず $\overline{S}=1$，$\overline{R}=1$ になります。これに従って，$X=1$，$Y=0$ となっています。さらに，$\overline{S}$，$\overline{R}$ の先に接続されている図 3.5 の RS-FF 回路は，その出力 Q，$\overline{Q}$ が保存されます。

② CLK が 0 から 1 に変化したとき：NAND2 のすべての入力が 1 になるので $\overline{S}=0$ と変わります。$\overline{R}=1$ は維持されるので，これにより RS-FF 回路は $Q=1$，$\overline{Q}=0$ となります。さらに，$\overline{J\cdot\overline{Q}}=1$ と変更されますが，$\overline{K\cdot Q}=1$ は維持されます。

③ $J=0$，$K=1$ に変更：$Q=1$，$\overline{Q}=0$ より，$\overline{J\cdot\overline{Q}}=1$，$\overline{K\cdot Q}=0$ となります。その結果，Y は 0 から 1 に変わりますが，$\overline{S}=0$ より NAND3 の出力は $\overline{R}=1$ のままとなります。

④ CLK が 0 に戻る：$\overline{S}=1$，$\overline{R}=1$ となり，すべて現状維持されます。

このように図 3.20 の回路は，J，K の変化は NAND1，NAND4 の出力にダイレクトに影響しますが，それが $\overline{S}$，$\overline{R}$ の状態に影響を与えるためには，NAND2，NAND3 の共通の入力である CLK が 0 から 1 に変化したときのみとなる仕組みが実現されています。

3.3 D-FF 回路

JK-FF 回路は，RS-FF 回路の欠点を補い，またエッジトリガ型の構成も提案されるなどして，いろいろな形で応用されています。この JK-FF 回路を，データを記憶するよう特化させたものが D-FF 回路です。D-FF 回路を**図 3.21**に示します。

同図のように，原理的には，$D=J=\overline{K}$ となるように NOT 回路を加えた JK-FF 回路を考えればよいのですが，データを記憶するというよく利用する回路でもあるので，図 3.22 のように内部構成を簡素化・高速化しています。

図 3.23 には，D-FF 回路のタイムチャートを示します。同図のように，CLK が 0 から 1 に変化した瞬間に D に与えられていた状態を記憶し，Q に出力します。

56　　3. フリップフロップ回路

(a)

(b)

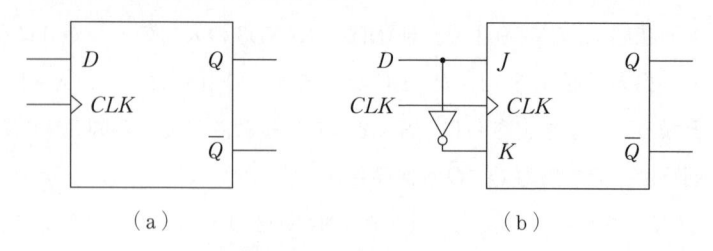

図 3.21　D-FF 回路とその原理

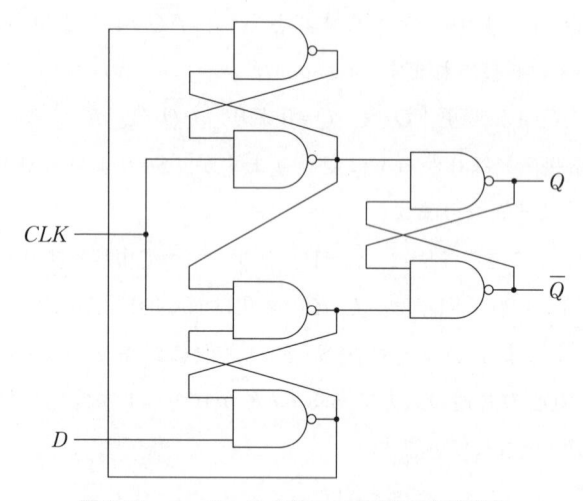

図 3.22　エッジトリガ型 D-FF 回路の内部構成

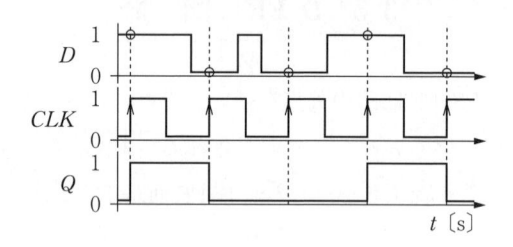

図 3.23　D-FF 回路のタイムチャート

3.4　T-FF 回路

図 3.24 に示す T-FF 回路は，信号の回数を数える**カウンタ**（counter）の基

3.4 T-FF 回路

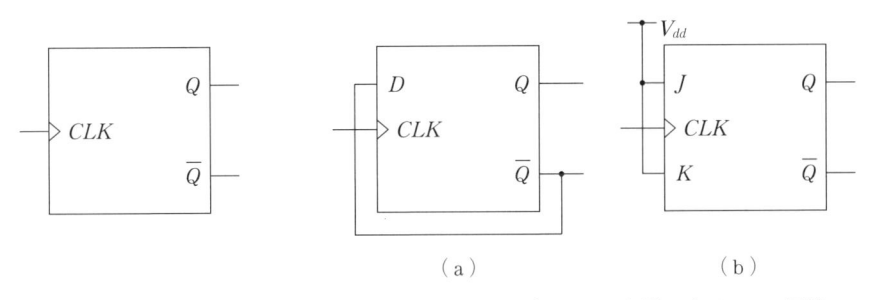

図 3.24 T-FF 回路

図 3.25 D-FF 回路，JK-FF 回路による T-FF 回路

本になるもので，図 3.25 のように，JK-FF 回路や D-FF 回路をもとに作ることができます。すなわち，CLK が入力されるたびに，出力 Q が 0, 1, 0, 1 と反転されるもので，ほかの FF 回路のように CLK 以外には入力はありません。

例えば，T-FF 回路を図 3.26 のように直列に接続します。すると，その出力 $Q0$, $Q1$, $Q2$ のタイムチャートは，図 3.27 となります。CLK の周期長 T 〔s〕に比べ，$Q0$ の周期は $2T$ 〔s〕，$Q1$ の周期は $4T$ 〔s〕，$Q2$ の周期は $8T$ 〔s〕

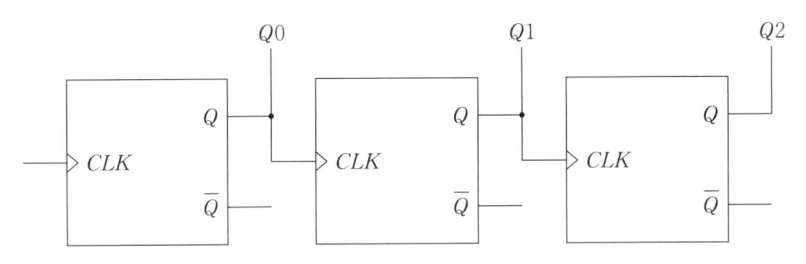

図 3.26 非同期カウンタ

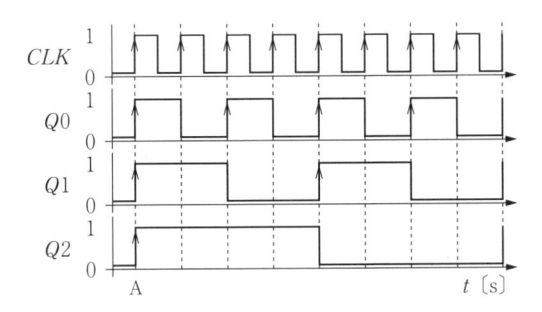

図 3.27 非同期カウンタのタイムチャート

になります．さらに，図 3.27 の出力データを $Q2$, $Q1$, $Q0$, CLK の順に並べ 2 進数として読むと，1111，1110，1101，・・・，0001，0000 と読めます．すなわち，図 3.27 は 4 桁のダウンカウンタになっています．

ただし，この回路には一つ注意が必要です．以前にも説明したとおり，論理回路は，入力信号が入ってから出力信号が出てくるまでには遅延時間があります．NAND 回路を用いた FF 回路であれば，少なくとも 2～3 ゲート分の遅延はあります．すなわち，図 3.27 の A の部分を拡大すると**図 3.28** のようにずれが生じているのがわかります．このようなずれを伴うカウンタ回路を**非同期カウンタ**（asynchronous counter）と呼び，桁数の多いカウンタには向いていない構造です．

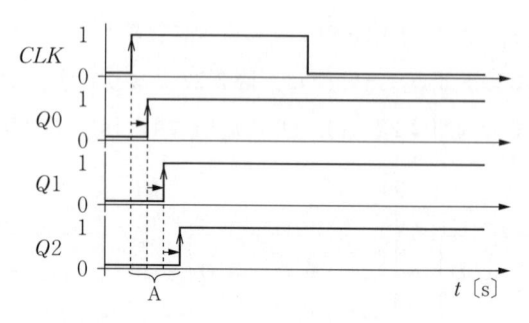

図 3.28　図 3.27 の A の部分の拡大図

3.5　FF 回路の応用

これまで示してきた FF 回路の応用例を示します．

3.5.1　シフトレジスタ

図 3.29 に，**シフトレジスタ**（shift register）を示します．この回路は，クロック信号 CLK が与えられるたびに，隣の FF 回路にデータがシフトされる形でデータ列を記憶するものです．特に，最初に入力されたデータが，出力から最初に出てくることから **FIFO**（first in first out）**型の記憶装置**と呼ばれ，

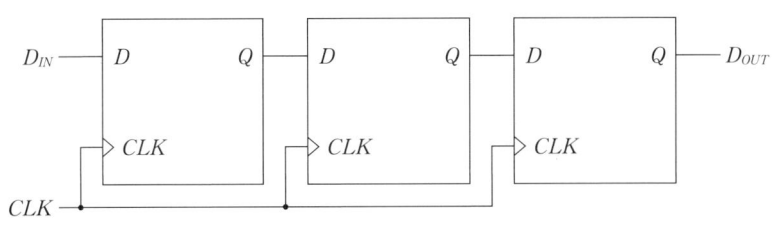

図 3.29 シフトレジスタ（FIFO）

CPU 内部にあるキューバッファメモリという回路に用いられていることがあります。

3.5.2 同期カウンタ

T-FF 回路を直列に接続して作成した非同期カウンタは，上位の出力になればなるほど，入力信号である CLK に対して遅延を伴います。こういった欠点を補ったものが**同期カウンタ**（synchronous counter）であり，**図 3.30** にその例を示します。

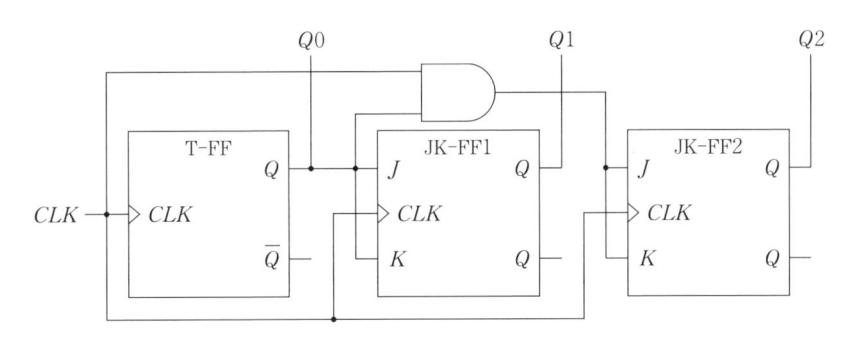

図 3.30 同期カウンタ（アップカウンタ）

1 段目は T-FF 回路になっています。基本的には，JK-FF 回路の入力 J, K をともに 1 にすることで，CLK が与えられるたびに出力を反転する動作をさせますが，J, K をともに 1 にする条件は，JK-FF1 では $Q0=1$ のとき，JK-FF2 では $CLK=1$ かつ $Q0=1$ のときというように条件を付けて接続しています。また，$Q2$, $Q1$, $Q0$ を出力するすべての FF 回路には CLK が入力される

ので，すべての出力は CLK に同期して変化します．

3.5.3 擬似乱数発生器

シフトレジスタと排他的論理和を組み合わせると，乱数発生器を作ることができます．正確には，真の乱数に近い特性を実現したものということで**擬似乱数**（pseudo-random number）**発生器**と呼ばれていますが，その一例として **M 系列**（maximum-length shift-register sequence）があります．その回路を図 3.31 に示します．

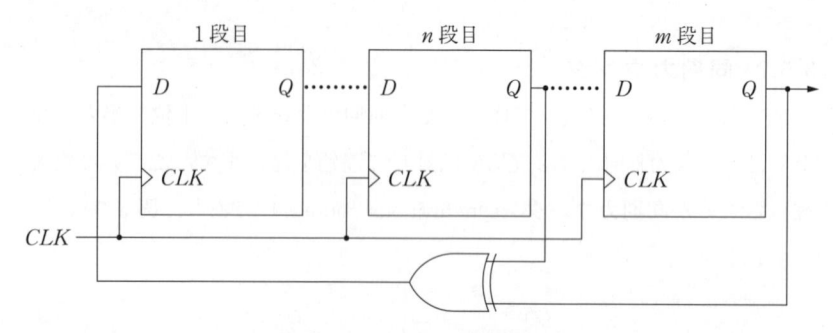

図 3.31　M 系列擬似乱数発生器

回路中のシフトレジスタの初期値は，すべて 0 というのを除いた値を与える必要があります．また段数 n, m もパラメータの一つとして設定します．CLK が与えられるたびに 1 ビットずつ擬似乱数系列が右端の出力から生成されるので，これを必要なビット数蓄積させて利用することで，必要なビット長の乱数としています．

4 論理設計

小規模な回路であれば，回路図を基本にし正論理，負論理を利用して設計することも可能ですが，回路が中・大規模になれば，論理式を駆使して設計する手段しかありません。

本章では，真理値表により設計仕様が与えられるとして，それに対応する論理回路の設計法を示します。

4.1 加法標準形

表 4.1 に，これから設計しようとする論理回路の真理値表を示します。これは論理積とも論理和ともいえない回路です。この真理値表を実現する回路を，**加法標準形**と呼ばれる手法で設計します。

表 4.1 設計仕様を表す真理値表

入力			出力
A	B	C	D
0	0	0	0
0	0	1	1
0	1	0	1
0	1	1	1
1	0	0	0
1	0	1	0
1	1	0	1
1	1	1	0

表 4.2 加法標準形を想定した出力 D の分解

入力			出力				
A	B	C	D	$D1$	$D2$	$D3$	$D4$
0	0	0	0	0	0	0	0
0	0	1	1	1	0	0	0
0	1	0	1	0	1	0	0
0	1	1	1	0	0	1	0
1	0	0	0	0	0	0	0
1	0	1	0	0	0	0	0
1	1	0	1	0	0	0	1
1	1	1	0	0	0	0	0

加法標準形は，真理値表において出力が 1 になる入力の組合せを一つずつ作成し，それらを論理和で結合させる手法です。その様子を**表 4.2** に示します。

表 4.2 を見ても明らかなように，出力 D と $D1$, $D2$, $D3$, $D4$ との関係は

$$D = D1 + D2 + D3 + D4 \tag{4.1}$$

で表されます。ここで + は論理和を表します。

つぎに，出力 $D1$, $D2$, $D3$, $D4$ の論理構成を一つひとつ考えます。

・$D1$ の論理構成：$A=0$ かつ $B=0$ かつ $C=1$ のときのみ $D1=1$ です。その他の入力では $D1=0$ です。したがって

$$D1 = \overline{A} \cdot \overline{B} \cdot C \tag{4.2}$$

・$D2$ の論理構成：$A=0$ かつ $B=1$ かつ $C=0$ のときのみ $D2=1$ です。その他の入力では $D2=0$ です。

$$D2 = \overline{A} \cdot B \cdot \overline{C} \tag{4.3}$$

・$D3$ の論理構成：$A=0$ かつ $B=1$ かつ $C=1$ のときのみ $D3=1$ です。その他の入力では $D3=0$ です。

$$D3 = \overline{A} \cdot B \cdot C \tag{4.4}$$

・$D4$ の論理構成：$A=1$ かつ $B=1$ かつ $C=0$ のときのみ $D4=1$ です。その他の入力では $D4=0$ です。

$$D1 = A \cdot B \cdot \overline{C} \tag{4.5}$$

こうして出そろった式 (4.1) 〜 (4.5) を組み合わせると

$$D = \overline{A} \cdot \overline{B} \cdot C + \overline{A} \cdot B \cdot \overline{C} + \overline{A} \cdot B \cdot C + A \cdot B \cdot \overline{C} \tag{4.6}$$

となります。加法標準形の設計手順は，以上のようになります。

このようにしてでき上がった論理式は無駄があることもわかっていますが，どのような論理回路でも，真理値表が与えられれば必ず設計できる手法です。

4.2 乗法標準形

同じく表 4.1 の真理値表を，**乗法標準形**と呼ばれる手法で設計します。

乗法標準形では，出力 D が 0 になる入力の組合せを考えます。表 4.1 では出力が 0 になる点が四つありますので，それぞれを $E1$, $E2$, $E3$, $E4$ とします。出力 D はこれら四つの項目の論理積で表すことにより，$E1$ 〜 $E4$ のどれ

かが 0 になれば,出力 D が 0 になるように結合させます(**表 4.3**)。

表 4.3 乗法標準形を想定した出力 D の分解

入力			出力				
A	B	C	D	$E1$	$E2$	$E3$	$E4$
0	0	0	0	0	1	1	1
0	0	1	1	1	1	1	1
0	1	0	1	1	1	1	1
0	1	1	1	1	1	1	1
1	0	0	0	1	0	1	1
1	0	1	1	1	1	0	1
1	1	0	1	1	1	1	1
1	1	1	0	1	1	1	0

すなわち

$$\overline{D} = \overline{E1} + \overline{E2} + \overline{E3} + \overline{E4}$$

ですが,必要な出力は D なので,式 (2.25), (2.26) のド・モルガンの定理より

$$D = \overline{\overline{E1} + \overline{E2} + \overline{E3} + \overline{E4}} = E1 \cdot E2 \cdot E3 \cdot E4 \tag{4.7}$$

と表します。

つぎに,出力 $E1$, $E2$, $E3$, $E4$ の論理構成を考えます。

・**$E1$ の論理構成**:$A=0$ かつ $B=0$ かつ $C=0$ のときのみ $E1=0$ です。その他の入力の場合 $E1=1$ です。これを論理式に表すと

$$\overline{E1} = \overline{A} \cdot \overline{B} \cdot \overline{C} \tag{4.8}$$

となります。ただし,式 (4.7) に代入するのは $E1$ ですので,ド・モルガンの定理により

$$E1 = \overline{\overline{A} \cdot \overline{B} \cdot \overline{C}} = A + B + C \tag{4.9}$$

と変形します。

・**$E2$ の論理構成**:$A=1$ かつ $B=0$ かつ $C=0$ のときのみ $E2=0$ です。その他の入力の場合 $E2=1$ です。

$$\overline{E2} = A \cdot \overline{B} \cdot \overline{C}$$

$$E2 = \overline{A \cdot \overline{B} \cdot \overline{C}} = \overline{A} + B + C \tag{4.10}$$

・**$E3$ の論理構成**：$A=1$ かつ $B=0$ かつ $C=1$ のときのみ $E3=0$ です。その他の入力の場合 $E3=1$ です。

$$\overline{E3} = A \cdot \overline{B} \cdot C$$
$$E3 = \overline{A \cdot \overline{B} \cdot C} = \overline{A} + B + \overline{C} \tag{4.11}$$

・**$E4$ の論理構成**：$A=1$ かつ $B=1$ かつ $C=1$ のときのみ $E4=0$ です。その他の入力の場合 $E4=1$ です。

$$\overline{E4} = A \cdot B \cdot C$$
$$E4 = \overline{A \cdot B \cdot C} = \overline{A} + \overline{B} + \overline{C} \tag{4.12}$$

これら式 (4.9) 〜 (4.12) を式 (4.7) に代入すると，次式となります。

$$D = (A+B+C) \cdot (\overline{A}+B+C) \cdot (\overline{A}+B+\overline{C}) \cdot (\overline{A}+\overline{B}+\overline{C}) \tag{4.13}$$

当然のことながら，式 (4.13) と式 (4.6) は同じ真理値表を表しますので，変形すれば同じ論理式に帰着します（表 4.3）。

4.3 カルノー図

これまで示してきた設計法は，簡単ではありますが，必ずしもまとまった論理式が得られるものとはいえません。可能な限り簡潔な論理式にまとめれば，実際に回路を作成するとき，回路規模を小さくできます。このように，簡潔な論理回路を設計する代表的な手法が，**カルノー図**（Karnaugh map）による設計法です。

4.3.1 基本的な考え方

ここでも表 4.1 の真理値表になる論理回路を考えます。カルノー図では，こ

表 4.4 表 4.1 のカルノー図

D	0	0	1	1	A
	0	1	1	0	B
0	0	1	1	0	
1	1	1	0	0	

C

4.3 カルノー図

の真理値表を**表 4.4**のように書き直します。

まず,同表のように 2 次元的に真理値表を書き直すことが重要です.現在の入力数は 3 なので,そのうちの 2 入力を横方向に,残った 1 入力を縦方向に配置します.もちろん,縦横が逆になっても問題ありません.

さらに,横方向に配置した入力 A, B の並び方を変え,00,01,11,10 としています.これは,隣の枠に移動するとき,一つの入力だけが変化するように配置したものです.この並び方であれば

・隣り合った二つの枠に,必ず共通項があります.例えば,入力 A, B が 00 と 01 のとき出力が 1 になるという状況のとき,A はともに 0 という共通の条件が見いだせます.また,B は 0 でも 1 でもよいので,条件から除外して考えることができます.

・右端の 10 から左端の 00 に移ったとしても,一つの入力 (A) だけが変化したものとなりますので,枠の外側をつなぐように見ても,共通の条件が見いだせます.

こうして作成した 2 次元的な表に対して,可能な限り大きな枠で,出力 D が 1 になる部分を囲んでいきます.

例えば,表 4.4 は,**表 4.5** のように囲むことができます.この中で,①の部分の入力の状況を見ると,$B=1$ かつ $C=0$ が共通の条件になり,入力 A は 0 または 1 のどちらでもよいので条件から外せます.また,②の部分では,$A=0$ かつ $C=1$ が共通の条件で,B は不問です.出力 D は,この二つの条件を論理和で結べばよいので

$$D = B \cdot \overline{C} + \overline{A} \cdot C \tag{4.14}$$

表 4.5 出力 $D=1$ になる領域の囲み方例

D	0	0	1	1	A
	0	1	1	0	B
0	0	1	1	0	←①
1	1	1	0	0	←②

C

となります。これが真理値表（表4.1）を表す最も簡単な論理式になります。

例えば，加法標準形で得られた論理式（4.6）を変形すると，式（4.6）右辺の第2項と第4項，および第1項と第3項を組み合わせると

$$D = \overline{A}\cdot\overline{B}\cdot C + \overline{A}\cdot B\cdot\overline{C} + \overline{A}\cdot B\cdot C + A\cdot B\cdot\overline{C}$$
$$= (\overline{A}+A)\cdot B\cdot\overline{C} + \overline{A}\cdot(\overline{B}+B)\cdot C$$
$$= B\cdot\overline{C} + \overline{A}\cdot C$$

となり，確かに同じ論理式になっていることがわかります。

4.3.2 ハザード

カルノー図では，表4.5のように，必要最小限の囲み方をすれば，最も合理的な論理式が得られます。式（4.14）の回路は図4.1になります。ただし，実際に論理式から回路を作成するときには，2章でも示したとおり，論理回路の遅延を考慮する必要があります。

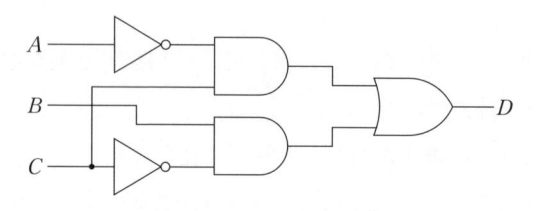

図4.1 式（4.14）の論理回路

表4.5の場合，①の領域内，あるいは②の領域内で入力が変化したとしても問題ありませんが，①の領域から②の領域に移るように入力が変化したとき，すなわち C が $0 \Leftrightarrow 1$ と変化したとき，一瞬，出力 D が0になることがあります（**図4.2**）。これは，論理回路の遅延により発生するもので，**ハザード**（hazard）といいます。

これを防ぐように論理式を構成すると，**表4.6**のように③の領域を追加し，C が変化したときに①の領域と②の領域をつなぐような回路を加えます。

これに従って論理式を組み直すと，③は $A=0$ かつ $B=1$ の条件を表しますので

4.3 カルノー図　67

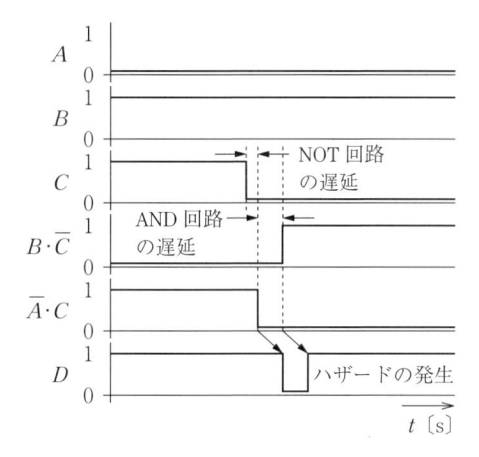

図4.2　ハザードの発生

表4.6　出力 D のハザードを防止した囲み方例

$$D = B \cdot \overline{C} + \overline{A} \cdot C + \overline{A} \cdot B \tag{4.15}$$

となります。この論理式 (4.15) の回路を**図 4.3** に，また図 4.2 と同じ入力を与えたときのタイムチャートを**図 4.4** に示します。同図のように，$\overline{A} \cdot B$ がハザードを埋めるように機能していることがわかります。

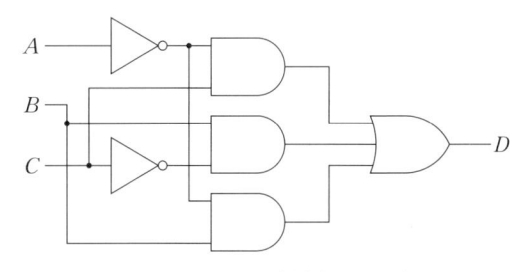

図4.3　ハザードを防止した回路

68　4. 論理設計

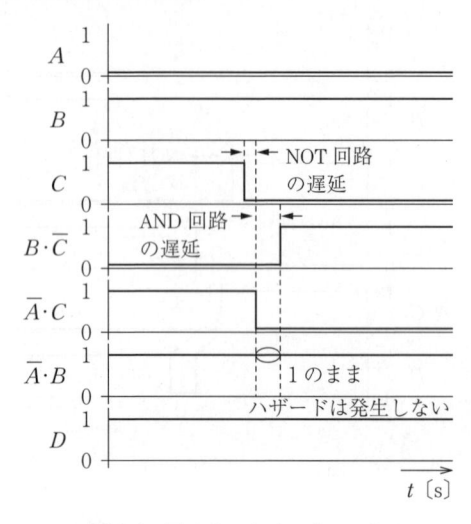

図4.4　図4.3のタイムチャート

4.3.3　さまざまな論理設計例

　まず，さまざまな入力数に対するカルノー図の書き方を**表4.7**に示します。いずれの場合でも，2次元の図になるよう入力を縦横に分けて配置します。また縦，横それぞれの入力の与え方は，隣に移動したとき，入力が一つのみ変化するように配置しています。

　また，出力が1になる領域を可能な限り大きく囲むといいましたが，その例を**表4.8**に示します。同表（a）で，論理式は，出力を E とすると

$$E = B \cdot D + A \cdot C \cdot D + A \cdot \overline{C} \cdot D + \overline{A} \cdot B \cdot C + \overline{A} \cdot \overline{C} \cdot D \tag{4.16}$$

となります。$B \cdot D$ も加えているので，ハザードも発生せずに済むでしょう。また同表（b）では

$$E = B \cdot D + \overline{B} \cdot \overline{C} \tag{4.17}$$

となります。入力 A, B, および C, D の並べ方から，同表の右端と左端，または上端と下端は，やはり入力の一つが変化しない状況が保たれています。そのため，出力が1になる領域を囲むとき，同表の外に向けて行うことも可能で，$\overline{B} \cdot \overline{C}$ という項目を見いだせます。ただしこの例では，ハザードの発生は

4.3 カルノー図

表 4.7 さまざまな入力数に対するカルノー図

C	0	1	A
0			
1			

B

E		0	0	1	1	A
		0	1	1	0	B
0	0					
0	1					
1	1					
1	0					

C D

			0	0	0	0	1	1	1	1	A
	G		0	0	1	1	1	1	0	0	B
			0	1	1	0	0	1	1	0	C
0	0	0									
0	0	1									
0	1	1									
0	1	0									
1	1	0									
1	1	1									
1	0	1									
1	0	0									

D E F

表 4.8 出力 1 の領域の囲み方例

(a)

E		0	0	1	1	A
		0	1	1	0	B
0	0	0	0	1	0	
0	1	1	1	1	0	
1	1	0	1	1	0	
1	0	0	1	0	0	

C D

(b)

E		0	0	1	1	A
		0	1	1	0	B
0	0	1	0	0	1	
0	1	0	1	1	0	
1	1	0	1	1	0	
1	0	1	0	0	1	

C D

免れないでしょう。

4.4 演算回路の設計

巻末の付録 A, B では，論理回路の基本となる 2 進数とその演算について解説しています。本節では，演算を実行する論理回路について考えます。

4.4.1 加算回路

付録図 A.6 に示す二つの 2 進数 A_i, B_i の加算を真理値表で表すと**表 4.9** となります。ここで，S_i は加算結果，C_{i+1} は上位の桁への繰上げを表しています。S_i と C_i の論理式は，加法標準形で表すと

$$S_i = \overline{A_i} \cdot B_i + A_i \cdot \overline{B_i} = A_i \oplus B_i \tag{4.18}$$

$$C_{i+1} = A_i \cdot B_i \tag{4.19}$$

となります。ここで，⊕は排他的論理和のマークです。これらの論理式による回路は**図 4.5** となります。この回路は，下の桁からの繰上がりを考慮していないことから加算回路としては不完全で，**半加算器**（half-adder）と呼びます。

表 4.9 半加算器の真理値表

A_i	B_i	S_i	C_{i+1}
0	0	0	0
0	1	1	0
1	0	1	0
1	1	0	1

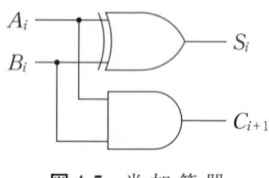

図 4.5 半加算器

下の桁からの繰上がり C_i を考慮した付録図 A.7 を，真理値表およびカルノー図で表すと，S_i と C_{i+1} は**表 4.10** になります。この表をもとに論理式を構成すると

$$S_i = \overline{A_i} \cdot \overline{B_i} \cdot C_i + \overline{A_i} \cdot B_i \cdot \overline{C_i} + A_i \cdot B_i \cdot C_i + A_i \cdot \overline{B_i} \cdot \overline{C_i} = A_i \oplus B_i \oplus C_i \tag{4.20}$$

$$C_{i+1} = A_i \cdot B_i + A_i \cdot C_i + B_i \cdot C_i \tag{4.21}$$

となります。C_{i+1} の論理式は，加法標準形よりも合理的なものが得られてい

4.4 演算回路の設計

表 4.10　全加算器の真理値表とカルノー図

A_i	B_i	C_i	S_i	C_{i+1}
0	0	0	0	0
0	0	1	1	0
0	1	0	1	0
0	1	1	0	1
1	0	0	1	0
1	0	1	0	1
1	1	0	0	1
1	1	1	1	1

S_i	0	0	1	1	A_i
	0	1	1	0	B_i
0	0	1	0	1	
1	1	0	1	0	

C_i

C_{i+1}	0	0	1	1	A_i
	0	1	1	0	B_i
0	0	0	1	0	
1	0	1	1	1	

C_i

ますが，S_i のほうは，カルノー図でも加法標準形でも同じ論理式になります。

式 (4.20)，(4.21) の回路図は**図 4.6** になり，これを**全加算器**（full-adder）と呼びます。同図では，AND 回路，OR 回路ではなく NAND 回路，NOR 回路を使うことで，高速化しています。ただし，全加算器は，半加算器を 2 回使って三つのビットを加算することでも実現できるので，**図 4.7** のように表すこと

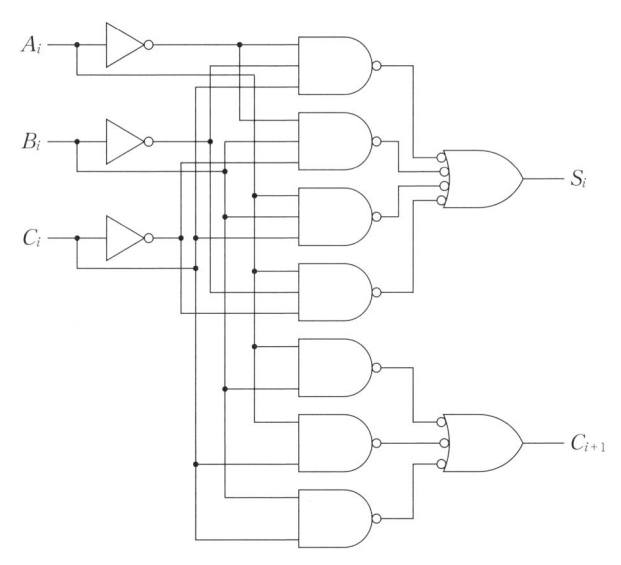

図 4.6　全加算器

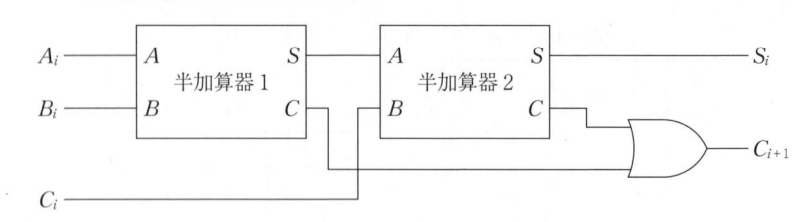

```
    A_i ─────┬─│ A    S │───│ A    S │──────────── S_i
             │ │半加算器1│   │半加算器2│
    B_i ─────┼─│ B    C │─┬─│ B    C │──┐
             │ │        │ │ │        │  │
             │ └────────┘ │ └────────┘  ╲
             │            │             ╲___ C_{i+1}
             │            │             ╱
    C_i ─────┴────────────┴─────────────╱
```

図 4.7 半加算器を用いた全加算器

もできますが，素子の遅延が気になるほど高速演算が必要な場合には図4.6の回路が妥当です。

半加算器，全加算器を使って，2進数4桁の加算を実現する回路を**図 4.8**に示します。

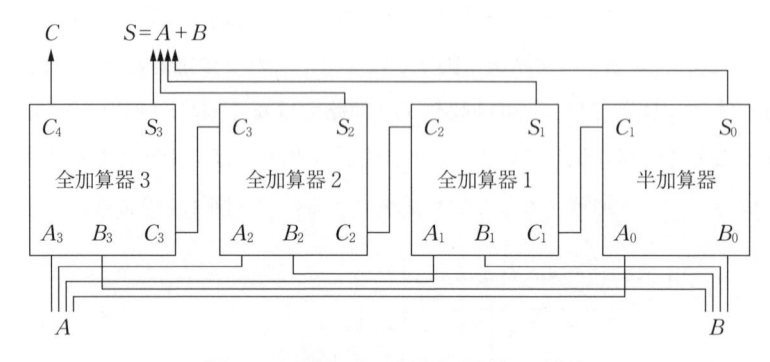

```
            C      S=A+B
            ↑      ↑↑↑↑
         ┌──┴──┐ ┌──┴──┐ ┌──┴──┐ ┌──┴──┐
         │C_4 S_3│ │C_3 S_2│ │C_2 S_1│ │C_1 S_0│
         │全加算器3│ │全加算器2│ │全加算器1│ │半加算器│
         │A_3 B_3 C_3│ │A_2 B_2 C_2│ │A_1 B_1 C_1│ │A_0 B_0│
         └───────┘ └───────┘ └───────┘ └───────┘
            A                                  B
```

図 4.8 2進数4桁の加算を実現する回路

4.4.2 2の補数による正負反転回路

付録図 A.2 に示した2の補数表現による正負の反転は，ビットごとに反転したのち，1を加算することで実現しますので，加算回路が必要になります。この作業を実現する必要最小限の回路は**図 4.9**になります。ほかの数値との加算を伴わないので，半加算器のみで構成できます。

また，XOR回路を利用すると，反転・非反転をコントロールすることができます。排他的論理和の真理値表を見ると，入力 $B=1$ とすると，出力は $C=\overline{A}$ となり，$B=0$ とすると $C=A$ となります。この特性を利用し，さらに全加算器からなる数ビットの加算回路を利用すれば，加減算回路を構成できます

4.4 演算回路の設計 73

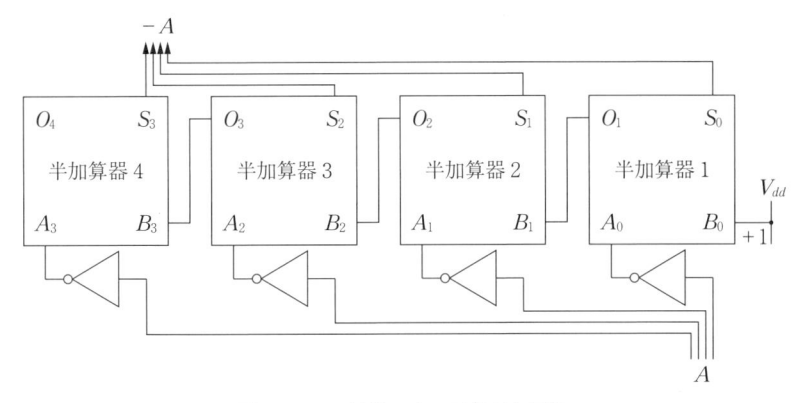

図 4.9 2 の補数による正負反転回路

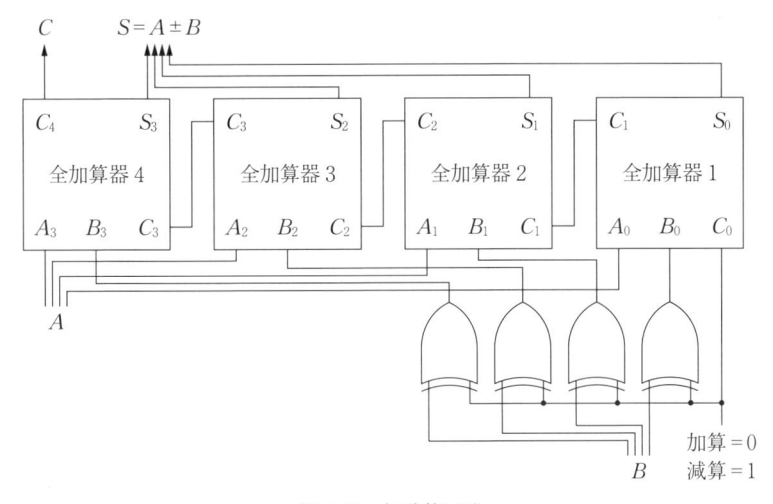

図 4.10 加減算回路

(図 4.10)。

4.4.3 減 算 回 路

4.4.2 項で 2 の補数による正負反転回路と加算器を利用した例を示しましたので,ここでは減算回路について説明します。

考え方は加算回路と同じです。まず付録図 A.10 に従って,上の桁からの借

りが発生しない**半減算器**（half-subtracter）を構成します。半減算器の真理値表は**表 4.11** ですので，論理式は

$$S_i = \overline{A_i} \cdot B_i + A_i \cdot \overline{B_i} = A_i \oplus B_i \tag{4.22}$$

$$O_{i+1} = \overline{A_i} \cdot B_i \tag{4.23}$$

となります。また，付録図 A.11 に示す上の桁からの借りを考慮した**全減算器**（full-subtracter）は，真理値表およびカルノー図で表すと**表 4.12** となります。

表 4.11 半減算器の真理値表

A_i	B_i	S_i	O_{i+1}
0	0	0	0
0	1	1	1
1	0	1	0
1	1	0	0

表 4.12 全減算器の真理値表とカルノー図

A_i	B_i	O_i	S_i	O_{i+1}
0	0	0	0	0
0	0	1	1	1
0	1	0	1	1
0	1	1	0	1
1	0	0	1	0
1	0	1	0	0
1	1	0	0	0
1	1	1	1	1

S_i	0	0	1	1	A_i
	0	1	1	0	B_i
0	0	1	0	1	
1	1	0	1	0	
O_i					

O_{i+1}	0	0	1	1	A_i
	0	1	1	0	B_i
0	0	1	0	0	
1	1	1	1	0	
O_i					

表より，全減算器の論理式は

$$S_i = \overline{A_i} \cdot \overline{B_i} \cdot O_i + \overline{A_i} \cdot B_i \cdot \overline{O_i} + A_i \cdot B_i \cdot O_i + A_i \cdot \overline{B_i} \cdot \overline{O_i} = A_i \oplus B_i \oplus O_i \tag{4.24}$$

$$O_{i+1} = \overline{A_i} \cdot O_i + \overline{A_i} \cdot B_i + B_i \cdot O_i \tag{4.25}$$

となります。半減算器と全減算器の回路を，それぞれ**図 4.11**，**図 4.12** に示します。これらの図は，論理構成を明確化するために，入力に反転を示す○を付けて示していますが，実際に回路を作成するときには，半加算器，全加算器と同様に NOT 回路を利用して構成します。また，これらを利用した複数ビット

4.4 演算回路の設計   75

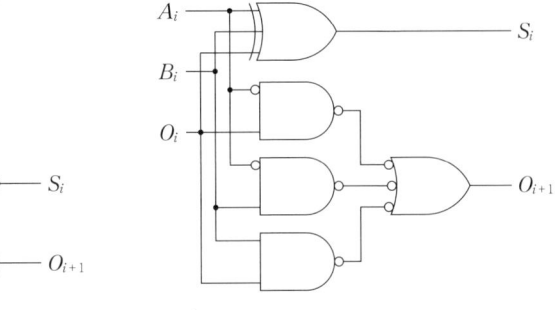

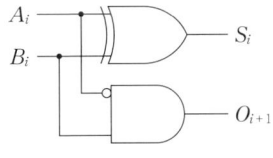

図4.11 半減算器の回路   **図4.12** 全減算器の回路

の減算回路は，図4.8と同等の構成になります．

その他の演算回路については，複雑な回路になることは間違いないので省略します．

例えば，乗算ではブースの乗算アルゴリズムが提案されていますが，付録図A.4，A.5に示した2進数による乗算，あるいは除算をいかに高速かつ合理的に行うかという点で，いまだに改良がなされています．

5 メモリ回路

ここからはコンピュータを構成するためのディジタル回路について説明します。まず，情報を記憶するメモリ回路について解説します。その内容を理解すると，例えばC言語のようなプログラミング言語の本質的な理解にもつながります。

5.1 メモリ回路の分類と展望

メモリ回路には大きく分けて2種類あります。一つは，電源を切っても記憶された情報が失われないメモリで，**不揮発性メモリ**（non-volatile memory）あるいは **ROM**（read-only memory）と呼ばれるものです。もう一つのメモリは，電源を消すと記憶されている情報は消えてしまうが，電源が入っているときには高速で自由に情報を読み書きできるタイプのメモリで，**揮発性メモリ**（volatile memory）あるいは **RAM**（random access memory）と呼ばれています。

コンピュータの電源を入れると，コンピュータを管理しユーザインタフェースを提供する**オペレーティングシステム**（operating system）が起動し，さまざまな用途に利用することが可能になります。オペレーティングシステムは，ハードディスクドライブなどに記録されていますが，コンピュータの電源を入れたときには，ハードディスクからオペレーティングシステムを読み込んで実行するプログラムがなければ，オペレーティングシステムは起動しません。すなわち，電源を切ってもプログラムが消えない ROM が必ず必要です。このほ

か，コンピュータが搭載している ROM は，コンピュータの電源を起動した直後，搭載されているメモリにエラーがないかどうか，各種入出力装置が正常に動作するかどうか，あるいは各種装置を正しく利用するための基本的な設定を行う機能を持っています。一般的に，この ROM により実現される基本的なシステムを **BIOS**（basic input output system）と呼んでいます。

この BIOS のプログラムを記憶する ROM には，最近ではフラッシュメモリという不揮発性メモリが利用されています。新しい CPU や新しい拡張機器を利用するためには，ROM 内部の情報を更新する必要が生じるため，適切な手続きを踏めば書換えが可能になるタイプの不揮発性メモリが利用されています。ただし，現在のフラッシュメモリは，情報の読出しは比較的高速ですが，情報の消去や書込みは，読出しよりも時間を必要とする場合があります。また，データの読み書きは，1 Oct（1 オクテット＝8 ビット）単位の通常のメモリと同等のものもあれば，数十オクテット単位のものもあり，メモリというよりは，ハードディスクのような外部記憶装置と同様な利用方法が必要なものもあります。

一方，オペレーティングシステムの管理下でさまざまなプログラムを実行する場合，オペレーティングシステムは，ハードディスクからプログラムを読み込み，メモリ上に展開します。メモリに書き込まれたプログラムは，CPU によって一つひとつ読み込まれ，実行されていきます。もちろん，読み込んだプログラムは，処理の途中，さまざまな情報を読み書きしながら処理が行われます。ただし，コンピュータの電源を切れば，メモリに読み込まれ記憶された情報は必ずしも必要になりません。したがって，電源が入っているときのみ，高速で情報が読み書きできればよいメモリも必要です。これが RAM によって実現されています。現在利用されている RAM の読み書きの速度は，ROM のそれよりもはるかに高速で，コンピュータによる情報処理の高速化に大きく貢献しています。

ただし，電源を切ってもメモリ上のデータが完璧に残っていれば，コンピュータの電源の ON/OFF を軽快に実行できるようになります。近年普及の

著しいタブレットを思い浮かべれば，その利便性は納得できると思います．メモリがさらに進化し，超高速で読み書きでき，さらに電源を切っても情報が残るようになれば，いずれROMとRAMの境目はなくなるかもしれません．

5.2 ROM

本節では，ROMについて解説します．現状ではフラッシュメモリだけ知っていれば十分かもしれませんが，どのような進化の過程をたどって現在に至っているか説明します．

ROMは，さまざまな物理現象を利用して情報を記憶しています．古くは，小さなリング状の磁石を利用し，そこにコイルを巻いて信号を送ることでS極，N極の向きを変更して，1，0の2進数情報を記憶した**コアメモリ**（core memory）というのもありました．また現在では，別の方法で磁気を利用し，なおかつ大容量で情報の高速アクセスも実現できる方法も提案されています．このようにROMは，求められる記憶容量の増加や高速アクセスに対応するために進化を続けてきましたし，これからもさまざまなROMが提案されるでしょう．

これまで実用化され普及してきた代表的なROMについて，簡単に解説します．

5.2.1 MROM

MROM（mask ROM）は，ICを作る際，記憶させたい情報に従ってパターンを設計して作るROMです．情報を書き換えることはできませんが，一度設計すれば量産が容易であるため価格として安価で，現在もゲーム機などの量産機で利用されています．

実用化されているMROMにおいて情報の1，0を区別して記録する方式は，以下の3種類が主であり，いずれもビットごとに用意されたゲート回路の工夫によるものです．

・**拡散方式**：ゲート回路の有無で情報の1，0を表します．

・**コンタクト方式**：ゲート回路の配線の一部を接続，切断することにより情報の1，0を表します．

・**注入方式**：ゲート回路のしきい値電圧の高い，低いにより情報の1，0を表します．

5.2.2 EPROM

EPROM（erasable programmable ROM）は，情報を消したり書き直したりすることができる **PROM**（programmable ROM）です．その代表的なものには，UVEPROM があります．この ROM は，IC チップの上部に石英ガラスが張られています．記憶されている情報を消すときには，この IC を取り外し ROM イレイザによって紫外線（ultraviolet rays, UV）を当て，メモリの全記憶素子に対して電荷を充電することで記録情報を消去しました．また，情報を書き込むときには，ROM ライタという装置に ROM を差し込み，さらに情報の読出し時よりも高い電圧を利用して，必要な位置の記憶素子に蓄えられた電荷を抜くことで，情報を書き込みます．これらの原理は，基本的には，後述するフラッシュメモリと同じです．

なお，情報の書換え可能回数は，数回から十数回程度でした．

5.2.3 EEPROM

UVEPROM が，情報の消去の際，取り外して紫外線を当てたのに対し，**EEPROM**（electrically EPROM）は電気的に情報の消去を可能にした PROM です．ただし，情報を消す際は，読出し動作に利用するときよりも高い電圧が必要ですが，現在では，必要な高電圧を IC 内部で発生させる仕組みが取り入れられています．

情報の書換え可能回数は，開発当初は数十回程度でしたが，現在では100万回程度まで可能になっており，事実上，つぎに示すフラッシュメモリと区別がなくなっています．

5.2.4 フラッシュメモリ

現在，身近になっている USB メモリやディジタルカメラのメモリカード，ハードディスク代わりに用いられ始めている **SSD**（solid state drive）などは，すべて**フラッシュメモリ**（flash memory）の派生製品です。

不揮発性メモリを実現する原理を説明します。

情報を記憶する最小単位の素子（**メモリセル**（memory cell）と呼びます）の構成を**図 5.1** に示します。MOSFET に非常によく似ていますが，違いは，ゲート直下に**フローティングゲート**（floating gate）が置かれていることと，その上下両側に酸化絶縁膜があることです。特に，フローティングゲート下側の絶縁膜を**トンネル絶縁膜**（tunnel insulating film）とも呼んでいます。

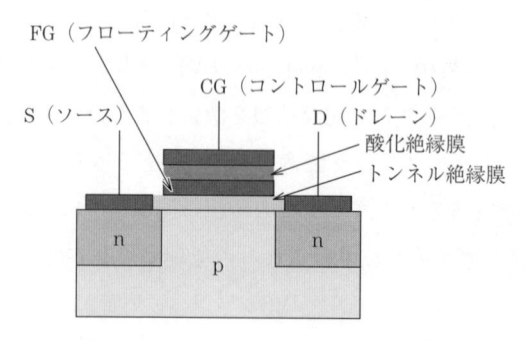

図 5.1 フラッシュメモリのメモリセル構成

情報の記憶は，このフローティングゲートに電荷がたまっているか否かによって判断します。しかも，フローティングゲートは絶縁体で囲まれていますので，何もしなければ数年間は電荷がたまり続けるため，不揮発性メモリが成立します。

情報の読出し動作を**図 5.2** に示します。ドレーン-ソース間には電圧をかけます。フローティングゲートに電荷がたまっている同図（a）の状態では，ドレーン-ソース間に電流 I_{DS} が流れ始めるゲート電圧 V_{CG} のしきい値 V_{th} が正の状態になります。これを**エンハンスメント型**（enhancement type）と呼びます。それに対し，フローティングゲートに電荷がたまっていない同図（b）

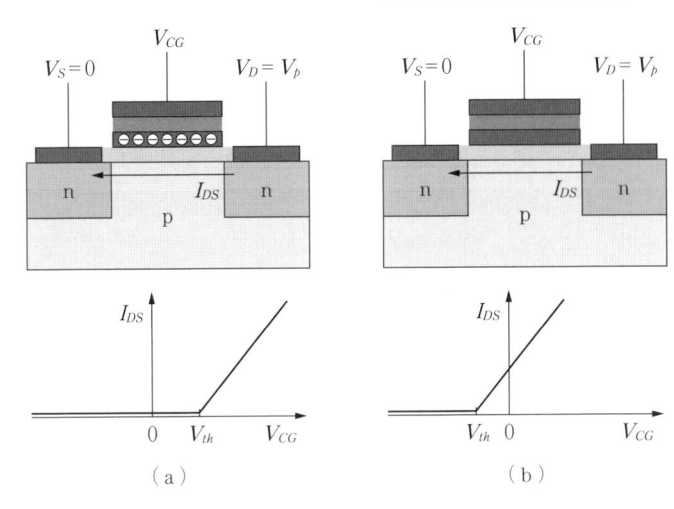

図5.2 情報の読出し

の状態では，I_{DS}が流れ始めるゲート電圧V_{CG}のしきい値V_{th}は負の電圧になります。これを**デプレション型**（depletion type）といいます。すなわち，フローティングゲートにおける電荷の有無で，しきい値V_{th}が変化します。この変化を利用すると，$V_{CG}=0 \sim 1 \mathrm{V}$としたときに$I_{DS}$が流れれば電荷がたまっておらず（情報として1），$I_{DS}$が流れなければ電荷がたまっている（情報として0）と判断できます。

一方，情報を書き込むときには，以前のROM同様に，一度情報を消去してから，書き直す作業が必要になります。この点が，次節に示すRAMと大きく異なります。

情報を消去する様子を図5.3に示します。情報を消去するということは，フラッシュメモリの場合，フローティングゲートから電荷を抜くことを意味します。これにはFowler-Nordheim Tunneling方式により，ソース側に電荷を抜くよう，ゲート電圧V_{CG}，ソース電圧V_Sをかける必要があります。

さらに，フローティングゲートに電荷を注入し情報を書き込む様子を図5.4に示します。これには，**ホットエレクトロン**（hot-electron）**注入方式**がとられています。ドレーン-ソース間に電流が流れると，ドレーン近傍の電界の強

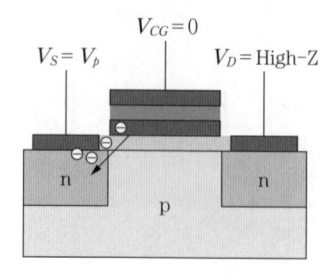

図 5.3　情報の消去 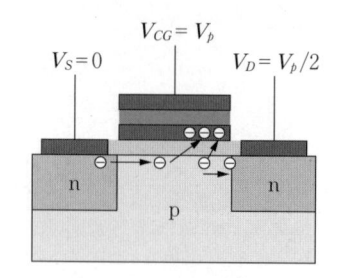　　　　図 5.4　情報の書込み

まりに従って運動エネルギーの高い電子，すなわちホットエレクトロンが発生します。その一部は，トンネル酸化膜のエネルギー障壁を超え，フローティングゲートに入っていきます。これにより，フローティングゲートへの充電がなされます。

このような構成のメモリセルを**図 5.5**のような図記号で表します。あとはこのメモリセルに対して，情報の読み書きを行うような回路を設計することが必要です。現在では，NOR 型と NAND 型の 2 種類が提案され，使い分けられています。それぞれの特徴は，以下のとおりです。

図 5.5　フラッシュメモリの
　　　　メモリセルの図記号

① **NOR 型フラッシュメモリ**

・ビット単位で情報の書込みが可能な構造を持ち，ランダムアクセスに向いています。携帯電話やコンピュータの BIOS などの制御プログラムを記憶する ROM のように，部分的な情報の改変を必要とするシステムの不揮発性メモリに適しています。

・消去の速度が遅く，高速化が難しくなります。また，メモリセル当りの回路規模が大きく，大容量化も簡単ではありません。

・ビット単位での記憶の保持性能に優れています。

メモリセルの構成を**図 5.6**に示します。同図のように，メモリセルには，こ

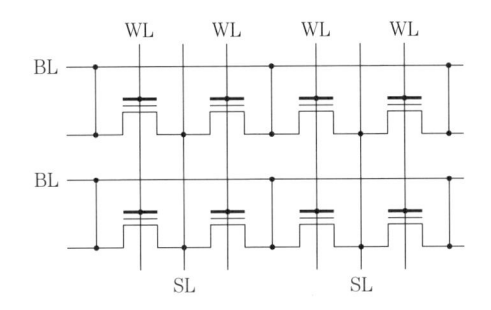

図5.6 NOR型フラッシュメモリセルの構成

のメモリセルを選択するときに信号を送るWL (word line)，選択されたメモリセルに対して情報をやり取りするための信号線であるBL (bit line)，および読み・書き・消去を行うために電圧を制御するためのSL (source line) が接続され，メモリセル1個単位で選択しながら，読み・書き・消去に必要な電圧を与えられる構造になっています．

② **NAND型フラッシュメモリ**

・NOR型の欠点である大容量化の困難さを解消するため，ビット単位の書込みをやめ，ブロック単位での書込みを行う構造に変更しています．情報の書込みに対するランダムアクセスを必要とするシステムには適用できません．ハードディスクの代用品と考えたほうがよいでしょう．

・大容量化，低消費電力化，小型化を実現しています．

・ディジタルカメラの記録メディアであるSDカード，コンパクトフラッシュ，SSDなどはこの形式のフラッシュメモリにより構成されています．

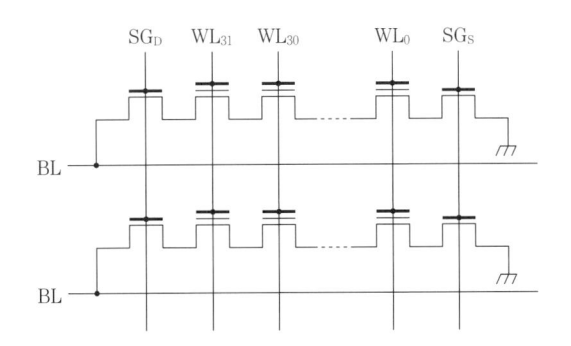

図5.7 NAND型フラッシュメモリセルの構成

・構造上，ビットエラーを防ぐことやエラー補正が重要になります。

メモリセルの構成を図5.7に示します。同図では32個のメモリセルが直列に接続され，WL_x によって個々のメモリセルを選択できるようになっていますが，データの出入り口BLは一つであり，その列の選択を SG_D，SG_S で行うようになっています。

5.2.5 ROMの現状と展望

製品にROMという部品を組み込むということは，ROMの価格が製品の価格に反映されます。量産機において，価格を抑えようと思えば，もしROMの内容を固定できるのであればMROMが有効です。しかし，何らかの要求で内容を変更せざるを得ないROMであれば，フラッシュメモリの利用が必要になります。

現在，NAND型フラッシュメモリは，記憶容量を多くとれるようになってきているため普及が著しいですが，絶縁体に電荷を通過させるトンネリング (tunneling) を多用しますので，絶縁体の劣化が避けられません。特に，頻繁に読み書きを繰り返すと，絶縁体に電荷のトラップが発生し，記憶情報のエラーの原因になります。その対策に関する研究も進んではいますが，ともあれ永久不変ではないということに注意すべきです。

その一方，近年では，フローティングゲートに蓄える電荷の量をコントロールできるようになっています。電荷の有無による2値情報だけではなく，一つのメモリセルにおいて蓄える電荷量を制御することで，3値，4値などより多くの情報を記憶できるようになってきています。その結果，より大容量のフラッシュメモリも実現されています。

5.3 RAM

RAMは，任意のメモリセルを1ビット単位で自由自在に読み書きすることができるよう設計された揮発性メモリです。ROMと異なり，動作は「読む」，

「書く」の2種類で，消去の動作は不要です．ここでは，実用化されている基本的な二つの RAM について解説します．

5.3.1 SRAM

SRAM（static RAM）は，1ビット当りのメモリセルをフリップフロップの原理に従って構成したものです．CMOS による SRAM のメモリセルの構成を図 5.8 に示します．

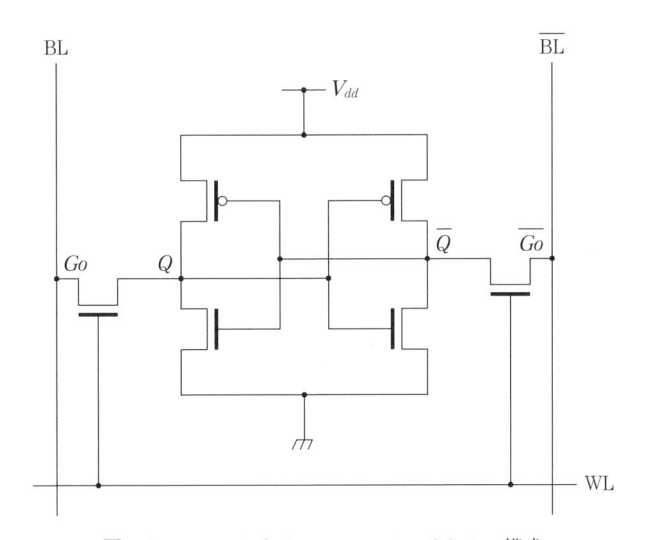

図 5.8 CMOS による SRAM のメモリセルの構成

フリップフロップといっても，NAND 回路ベースではなく，nMOS を二つ，pMOS を二つ用いたゲート回路により，一つのメモリセルが構成されています．また，多数存在するメモリセルを選択し，そのメモリセルの点 Q, $\overline{Q}$ に電圧を与えたり，その電圧を読むため，開閉すべき nMOS ゲート回路がさらに二つ付いています．WL は，このメモリセルの選択をするための信号で，BL は，選択されたメモリセルに情報を読み書きするための信号です．

この SRAM の特徴には，以下のものがあります．

・CMOS だけで構成でき，作成しやすい構造になっています．

・CMOS の特性から，低電圧での動作も可能で，しかも情報を読み書きしないときの消費電流（スタンバイ電流）が小さいです。

・超高速で安定した動作が実現できるので，CPU 内部で必要とされる小容量の記憶装置に適しています。

・一つのメモリセルを構成するのに，nMOS 二つ，pMOS 二つ＋二つの合計六つ必要なので，一つの IC の中で大容量化が難しくなります。

5.3.2 SRAM の現状と課題

SRAM は，取扱いが容易で高速動作が実現できるたいへん有利な特徴を持っていますが，大容量化が難しいという欠点から，汎用コンピュータの外部メモリでの利用はなく，組込み型 CPU 用の小規模メモリか，CPU 内部のキャッシュメモリとして利用されている場合がほとんどです。

メモリセルの回路規模を小さくするため，pMOS の部分を**ポリシリコン抵抗**（シリコンへの不純物の添加を抑えて作る高負荷抵抗）や **TFT**（thin film transistor）負荷に置き換えた SRAM も提案されたことがあり，メモリセルの回路規模を 2 割程度抑えた実績があります。しかし，低消費電力実現のため電源電圧を 2 V 以下に抑える傾向が強まって以降，CMOS による SRAM の優位性が高まっています。ただし，電源電圧が 1.2 V を下回るとしきい値のばらつきが生じ，安定動作は難しくなります。

また近年，IC の高集積化により，SRAM も 64 Mbits 程度の大容量を獲得し始めていますが，つぎに示す DRAM に比べると，メモリセル一つ当りの面積比は 10 倍前後に及んでいて，やはりさらなる大容量化には課題があるようです。

さらに，古くから問題視されていることに**ソフトエラー**（soft error）に対する耐性があります。ソフトエラーとは，外部から放射線が与えられたとき，記憶している情報が消失する問題です。宇宙での利用時はもちろんのこと，地表でもまれに起きるエラーです。そのソフトエラーへの耐性を高めるため，図 5.8 の Q，$\overline{Q}$ の部分に小容量のコンデンサを追加した SRAM も提案されてい

ます。

5.3.3 DRAM

メモリセルの小型化を実現し，大容量化，低価格化を実現する方法として，**DRAM**（dynamic RAM）が提案され，現在の汎用コンピュータの外部メモリの主流になっています。

DRAM のメモリセルの構成を**図 5.9** に示します。同図のように，DRAM のメモリセルは 1 個のコンデンサです。すなわちコンデンサに電荷が充電されているか否かで，情報の 1，0 を記憶します。

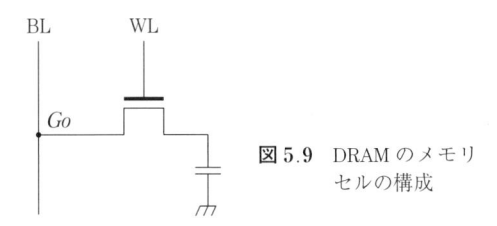

図 5.9　DRAM のメモリセルの構成

DRAM は，メモリセルの回路規模が SRAM に比べて非常に小さく，大容量化が容易で，現在の主流になっていますが，大きな問題があります。

コンデンサに蓄えられた電荷は，接続されているゲート回路やさまざまな経路を経て放電されます。メモリセルに使われるコンデンサが放電される時間は，現状では 100〜150 ms が目安とされています。以前はもっと短く，数 ms という時期もありました。

DRAM のメモリセルに使われているコンデンサが蓄えられる電荷は 0.03〜0.1 pC 程度といわれています。すなわち DRAM では，情報が判別不能になる前にコンデンサに再充電する必要が必ずあります。これを**リフレッシュ**（refreshment）といいます（**図 5.10**）。

さらに，メモリセルの情報を読む動作について考えます（**図 5.11**）。

メモリセルのコンデンサの容量を C_P とします。また，ビットライン（BL）にも容量性負荷を置き，これを C_{BL} とします。C_{BL} の容量は C_P の 10 倍近くあ

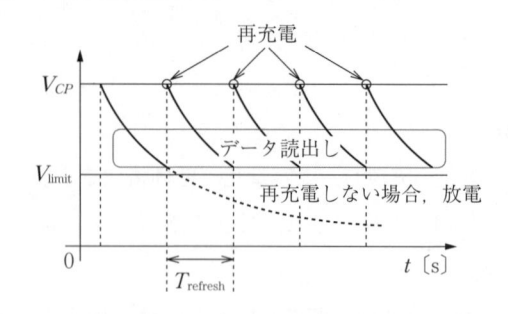

図 5.10 メモリセルのリフレッシュ

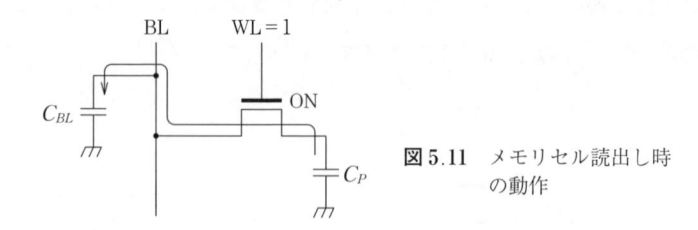

図 5.11 メモリセル読出し時の動作

ります。

　ビットラインは，情報 1, 0 の中間の電圧である $V_{dd}/2$ 〔V〕に設定しておきます（**プリチャージ電圧**（pre-charging voltage）と呼びます）。この状態でWL＝1 となりスイッチ ON になると，C_P に蓄えられた電荷量に従って，ビットラインの電圧が V_S だけ変化します。

$$V_S = \frac{V_{dd}}{2} \frac{C_P}{C_{BL}+C_P} \tag{5.1}$$

V_{dd} を 1.5 V と仮定すると，V_S は 0.075 V 程度になります。この微妙な電圧の変化は，**センスアンプ**（sense amplifier）によってその差が増幅され，1 または 0 の情報として確定されます。

　このように，メモリセルから情報を読むということは，コンデンサ C_P に蓄えられている電荷を取り出すことなので，情報を読んだ直後にも，メモリセルの再充電が必要です。これを**破壊読出し**（destructive read out）といいます。

　また，1 章でもふれたとおり，コンデンサの容量は体積や電極の表面積に依存しますので，高集積化された IC の中で実現できるコンデンサの容量を実用

レベルで確保するには工夫が必要です．

5.3.4 メモリセルの周辺回路

まず，SRAM，DRAM に情報を記録する回路を考えます．DRAM では，WL によって選択されたメモリセルのコンデンサに，BL を通じて充電すればよいことになります．しかし，SRAM の場合，ビットラインには BL とその反転である $\overline{BL}$ があり，両方同時に正反対の情報を与える必要があります．

さらに，情報を読み出す場合には，DRAM ではビットラインのプリチャージ電圧との比較を行い，情報の 1，0 を確定しますし，SRAM では Q と $\overline{Q}$ によって情報を確定します．しかも，DRAM，SRAM ともにメモリセルから取り出す電圧は，外部の回路にそのまま出力できるレベルではなく，増幅する必要があります．その増幅の作業をしているのがセンスアンプです．例として**差動増幅**（differential amplifier）**型センスアンプ**を図 5.12 に示します．

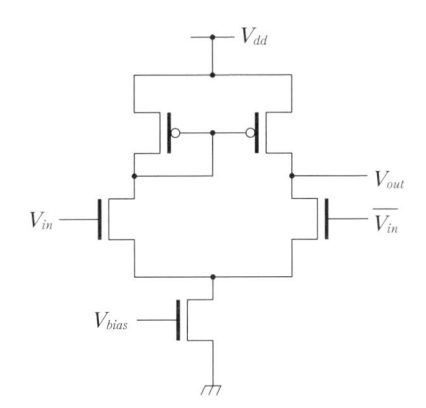

図 5.12　差動増幅型センスアンプ

これらを考慮すると，SRAM，DRAM のメモリセルに対する情報の読み書きに関わる周辺回路は，図 5.13 のようになります．さらに DRAM では，情報を読み出すとともに，すぐにフィードバックして再充電しています．

なお，図 5.13 では，データ入力 D_{in} とデータ出力 D_{out} が別々に記載されていますが，IC としてはデータの入出力ピンを 1 本の入出力信号 D にまとめることが多いので，図 5.14 のような入出力回路が追加されます．同図のように

90　5. メモリ回路

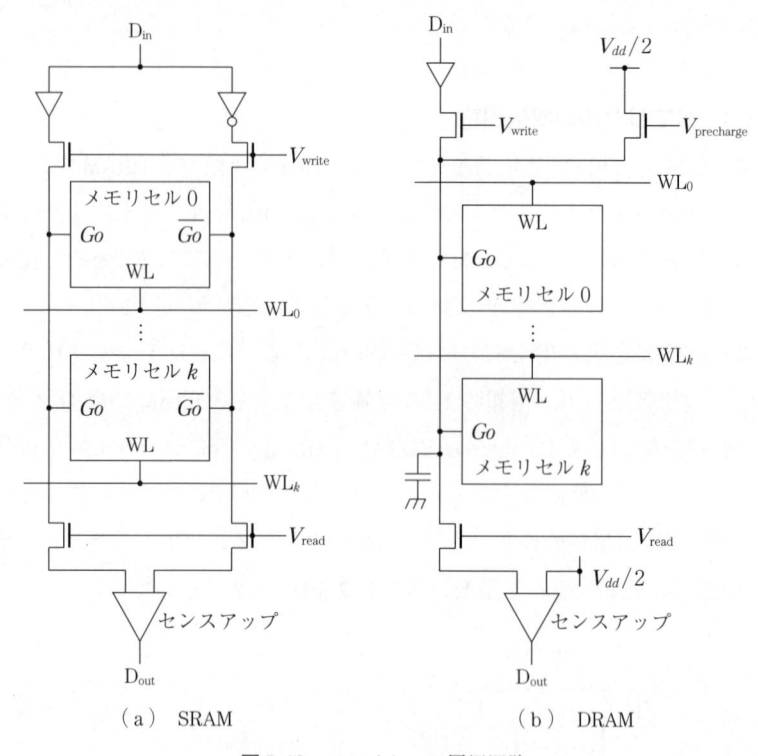

(a) SRAM

(b) DRAM

図 5.13　メモリセルの周辺回路

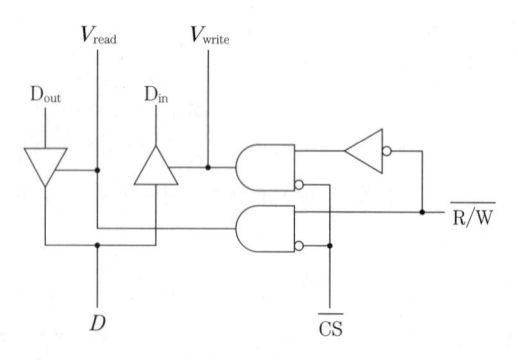

図 5.14　入出力回路

3ステートロジック回路を双方向に向ける構造になり，入力/出力の向きは，外部から与える R/$\overline{\text{W}}$ により制御します．すなわち，R/$\overline{\text{W}}$ =1のときはデータの読出し，R/$\overline{\text{W}}$ =0のときはデータの書込みになります．

また，同図の回路には，この回路自体を稼働させ，メモリに読み書き動作をするか否か決定する $\overline{\text{CS}}$ という入力が与えられています．通常メモリ回路を構成するときには，複数のICを利用し，その中の一つのみを稼働させる必要が生じます．$\overline{\text{CS}}$ は，ICを選んで読み書き動作を行うための入力で，**チップセレクト信号**（chip selection signal）と呼びます．

5.4 メモリ回路の構成

これまでは，各種メモリのメモリセルを中心に解説しました．ここからは多数のメモリセルを内蔵させたメモリ回路について説明します．

5.4.1 アドレスデコーダ

メモリセルの解説の中で，しばしばWLが出てきました．これは，メモリセルを選択するための信号です．このWLで選択されたメモリセルは，BLを通じて情報の読み書きがなされます．BL1本には多くのメモリセルが接続されていますので，WLを与え選択するメモリセルは，同時刻には1か所である必要があります．

また，WLは，原則として，メモリセルの個数分の本数が必要になります．したがって，何の工夫もなければ，メモリセルを多数搭載したICは，とんでもない数のピン数を持つことになります．

多数のメモリセルを内蔵したメモリ回路においてWLを発生させる回路は，**アドレスデコーダ**（address decoder）と呼ばれます．これは，メモリセルに通し番号（これを**アドレス**（address）または**番地**と呼びます）を付け，その通し番号を2進数で指定するものです．例えば，一つのICにメモリセルが8個入っていることを想定したアドレスデコーダ回路を**図 5.15** に示します．ま

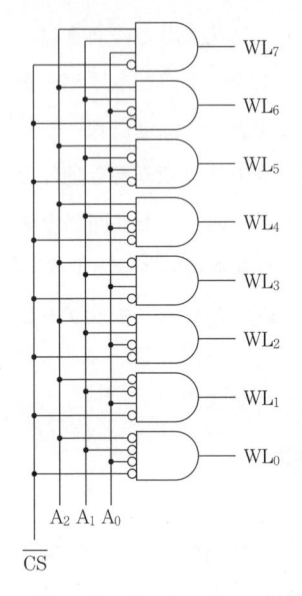

表5.1 3ビットアドレスデコーダの真理値表

CS	A_2	A_1	A_0	WL_0	WL_1	WL_2	WL_3	WL_4	WL_5	WL_6	WL_7
0	0	0	0	1	0	0	0	0	0	0	0
0	0	0	1	0	1	0	0	0	0	0	0
0	0	1	0	0	0	1	0	0	0	0	0
0	0	1	1	0	0	0	1	0	0	0	0
0	1	0	0	0	0	0	0	1	0	0	0
0	1	0	1	0	0	0	0	0	1	0	0
0	1	1	0	0	0	0	0	0	0	1	0
0	1	1	1	0	0	0	0	0	0	0	1
1	*	*	*	0	0	0	0	0	0	0	0

図5.15 ビットアドレスデコーダ回路

た，このアドレスデコーダの真理値表を**表**5.1に示します．この真理値表が示すとおり，与えた2進数により1か所のWL_nのみが1，その他は0となる回路が実現できます．なお，この回路にも，アドレスデコーダを稼働させるか否かを決定する$\overline{CS}$が与えられています．このように8本のWL_nの生成を，わずかA_0, A_1, A_2の3入力で実現できます．

かりに，64Mビットの記憶容量を持つSRAMやROMを想定すると，アドレスデコーダに入力する2進数の桁数は26ビットになります．この場合，26入力＋$\overline{CS}$の論理積回路をIC内部に2の26乗個用意することになりますので，アドレスデコーダだけで非常に大きな回路規模になります．

さらに，SRAMでは，アドレスデコーダによって選択されるメモリセルは，1個の場合だけではなく，4個の場合や8個の場合があります．すなわち，メモリIC一つで，1番地当りに1，4，8ビットの情報を蓄えることができます．ROMでは，ほとんどのICで，1番地当り8ビットの情報を記録しています．

5.4 メモリ回路の構成

一方，DRAM の場合は，もうひと工夫必要です。

DRAM では，定期的に再充電（リフレッシュ）しなければ情報が失われますが，多数のメモリセルを一つずつ再充電していては間に合いません。そこで図 5.16 のようにアドレスデコーダを 2 系統用意し，それぞれで発生した $WL_{R(n)}$, $WL_{C(n)}$ の論理積を取ったうえで，メモリセルの WL とする構造を取っています。こうすることにより，例えば $WL_{R(n)}$ の 1 本のみを 1 にし，その 1 列すべてを選択する状態を作り，さらにリフレッシュに必要な回路をその列に含まれるメモリセルの数だけ用意すれば，1 列すべてのメモリセルを同時にリフレッシュできます。

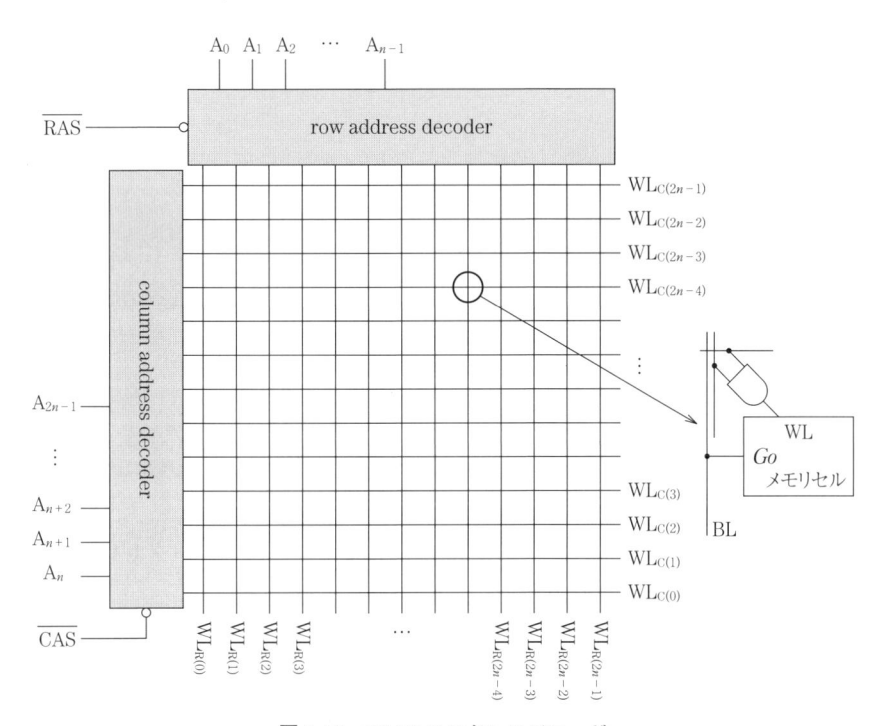

図 5.16 DRAM のアドレスデコーダ

このほか，アドレスデコーダを二つ利用する方法は，メモリセルの個数分の論理積回路は必要ですが，個々のアドレスデコーダが出力する WL の本数が大

幅に減少できるので，回路規模も小型化できる合理的な方法です。なお DRAM では，SRAM の場合の $\overline{\text{CS}}$ と同様に，アドレスデコーダ出力の可否を決める信号も与えられており，**$\overline{\text{RAS}}$** (row address strobe) と **$\overline{\text{CAS}}$** (column address strobe) と呼ばれています。

さらに，汎用的な DRAM の IC では，二つのアドレスデコーダにそれぞれ入力する $A_0 \sim A_{n-1}$ と $A_n \sim A_{2n-1}$ とを，同じ入力ピン $AD_0 \sim AD_{n-1}$ から与えるようにしており，IC パッケージのピン数のさらなる削減も実現しています。

この場合，$A_0 \sim A_{n-1}$ と $A_n \sim A_{2n-1}$ は，時分割で与えられることになりますので，DRAM 内部には，与えられた $A_0 \sim A_{n-1}$，$A_n \sim A_{2n-1}$ をそれぞれ記憶する D-FF 相当の記憶回路が必要になります（**図 5.17**）。

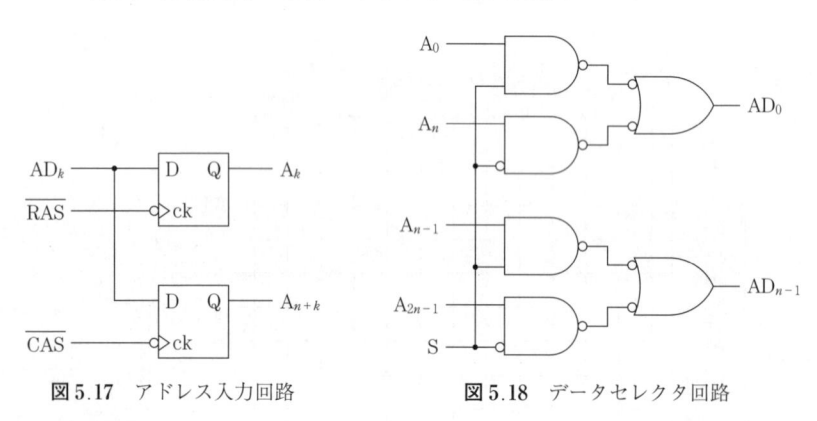

図 5.17 アドレス入力回路　　図 5.18 データセレクタ回路

また，DRAM の外部では，時分割で $A_0 \sim A_{n-1}$ と $A_n \sim A_{2n-1}$ を与える回路が必要になります。その回路を**図 5.18** に示します。これを**データセレクタ回路**といい，$AD_0 \sim AD_{n-1}$ を通じ，入力 $S=1$ のときには $A_0 \sim A_{n-1}$ を，$S=0$ のときには $A_n \sim A_{2n-1}$ を出力します。

5.4.2　メモリ動作のタイムチャート

これまでは，ROM および RAM を構成するための要件について説明してきました。つぎに，メモリ IC を稼働させるための要件について説明します。

まず，メモリを動作させるということは，メモリセルを選び，そこに対して

情報を読み書きすることです．まず，ROM および SRAM の動作に関するタイムチャートを**図 5.19** に示します．

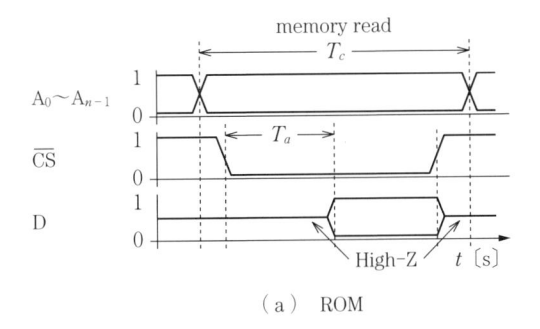

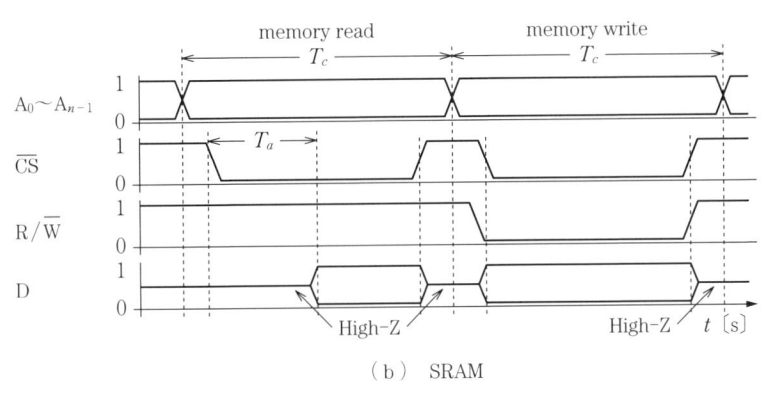

図 5.19 ROM および SRAM アクセスのタイムチャート

このタイムチャートでは，メモリが持っている多数のアドレス線をさまざまな条件で示すことは意味を持たないので，あるアドレス線は 1，別のアドレス線は 0 を意味するよう，幅を持たせて表しています．ただし，アドレス線に与える番地情報が変化するタイミングは重要なので，その部分は，交差するように表します．

図 5.19 に示すように，まずアドレス線が与えられ，それと同時か少し遅れて $\overline{\mathrm{CS}}$ を 0 にします．さらに，同図（b）の SRAM の場合では，メモリから情報を読み出すときのため，$\mathrm{R}/\overline{\mathrm{W}}=1$ としますと，しばらくして，選択されたメモリセルから読み出されたデータが D に出てきます．

96　　5. メモリ回路

アドレスと $\overline{\text{CS}}$ を指定してデータが出力されるまでの時間 T_a を，**アクセスタイム**（access time）といいます。また，アドレスを指定してデータを読み書きする1周期分の時間 T_c を**サイクルタイム**（cycle time）といいます。これらの時間は，RAMの性能を評価する重要な指標です。

一方，DRAM動作のタイムチャートを図5.20に示します。SRAMとの違いは，アドレス線を二つに分け，時分割で与える必要があることだけです。ただし，時分割に要する時間が大きかったら，高速のアクセスができません。そこで，$\overline{\text{RAS}}=0$ となってから，外部データセレクタ回路でアドレスを切り替える信号Sを1から0にし，そして $\overline{\text{CAS}}=0$ となるまでの時間は，きわめて短く設

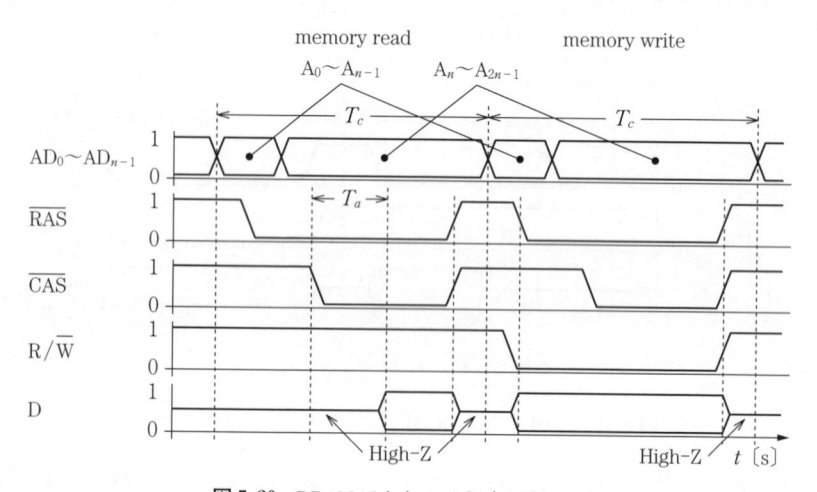

図5.20　DRAMアクセスのタイムチャート

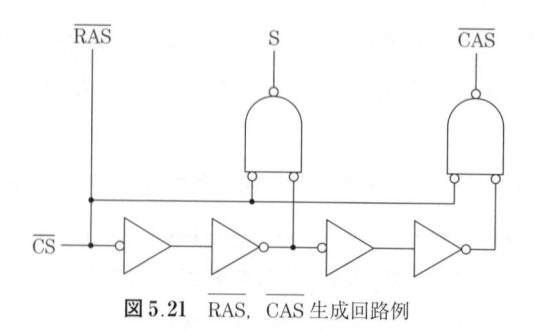

図5.21　$\overline{\text{RAS}}$, $\overline{\text{CAS}}$ 生成回路例

定されています．そのような信号を生成する回路の例を図5.21に示します．SRAMやROMなどのメモリ選択を行う信号$\overline{CS}$を入力とし，反転回路の遅延を利用して$\overline{RAS}$，$\overline{S}$，$\overline{CAS}$を順次生成しています．

5.4.3 メモリアクセスに要する時間

これまで説明してきたROM，SRAM，DRAMについて，アクセスに必要となる時間についてまとめます．もちろん，これらの時間はICを製造するメーカや年によって変わりますので，あくまで参考として示します．また，ここで示すメモリアクセスは，何らかのクロック信号に同期して行う動作ではない「非同期アクセス」について示します．

まず，フラッシュメモリについてまとめたものを表5.2に示します．NOR型フラッシュメモリでは，読み書き動作はRAMと同様にランダムアクセスが可能で，そのアクセスタイムも良好な数字になっています．NAND型フラッシュメモリでは，ブロック単位の読み書きなので，1 Oct当りの時間は高速読出しをしているように見えますが，最初の手続きが比較的時間を要しています．なお，フラッシュメモリは消去の動作が必要ですが，それに必要な時間は，けた違いに遅いものであることがわかります．

表5.2 ROMのアクセス時間

種類	READ	WRITE	ERASE
NOR型	70～90 ns		0.5～1.0 s
NAND型	25～50 ns	200～700 μs	1.5～3.0 ms

表5.3 RAMのアクセス時間（非同期）

種類	READ	WRITE
SRAM		0.5～5.0 ns
DRAM		40～100 ns

一方，RAMのアクセス時間を表5.3にまとめます．この表を見てもわかるとおり，SRAMは圧倒的に高速であることがわかります．DRAMは，メモリセルの放電や破壊読出しに伴うリフレッシュが必要となり，それに対応するためアドレスデコーダが独特の構造をしており，1 Oct当りのアクセス時間は短くなりません．とはいっても，DRAMが世に出たころのアクセス時間は，約200 ns前後だったことを考えると，かなり高速化しています．

5.4.4 DRAMのバーストモード

DRAMは，メモリセルが小さくIC1個当りに搭載できる記憶容量が大きくできるという長所がある反面，リフレッシュ実現のための構造から，非同期動作によるランダムアクセスに必要となる時間はSRAMよりも低速です。その欠点を改善するため，**バースト**（同期転送）**モード**（burst mode）という方法が提案され，現在の主流になっています。

基本的な考え方としては，row address decoderで選択した1列のメモリセルすべてを連続的に読み出すよう，column address decoderの入力にカウンタ回路を付けて動作させれば，アドレス指定を簡略化できるというものです。これを**ページモード**（page mode）と呼んでいました。この考え方がさらに改良されて，現在の主流であるバーストモードという方法となっています。したがって，データの読み書きは，1 Octや1ビット単位ではなく，2/4/8〔Oct〕単位になります。

図5.22には，バーストモードで動作する初期の規格である**SDRAM**（synchronous DRAM）のタイムチャートを示します。SDRAMでは，そのIC

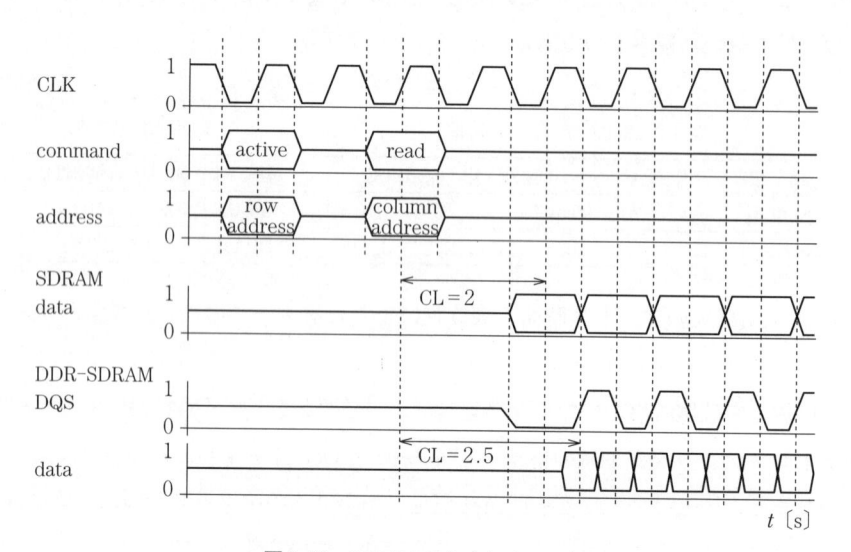

図5.22 SDRAMのタイムチャート

が持つ四つの信号（$\overline{\text{RAS}}$, $\overline{\text{CAS}}$, $\overline{\text{CS}}$, $\text{R}/\overline{\text{W}}$）を利用して，IC に対して各種の動作を指示するコマンド方式を実現しています．

コマンドにより指示できる操作モードには，以下のようなものがあります．

・モードレジスタセット
・オートリフレッシュ
・セルフリフレッシュ開始/終了
・Row アドレス記憶
・データ READ/WRITE
・指定バンク/全バンクプリチャージ

SDRAM の IC の中には，二つのアドレスデコーダ回路に指示されるメモリセル群を複数持っている場合があります（**図 5.23**）．このメモリセル群の一つの構成を**バンク**（bank）と呼びます．

図 5.22 に示すとおり，データ群は，**列**（column）**アドレス**を指定してから数クロック後につぎつぎに入出力されます．この時間を **CL**（CAS latency）と呼び，SDRAM の製品規格の一つになります．

また，同図においてデータ入出力は，クロック信号の立下りに同期してつぎつぎに現れているように示していますが，**DDR-SDRAM**（double data rate SDRAM）と呼ばれる規格の SDRAM では，クロックを反転させた信号 DQS を生成して，その立下りでもデータを入出力するようにしています．DQS と CLK を併用すれば，あたかも CLK の立上りと立下りの両方に同期して，データが入出力動作できるようになります．これにより DDR-SDRAM は，SDRAM の 2 倍の転送速度（bit rate）を実現しています．

SDRAM において同期に利用しているクロック（CLK）の周波数は，100 MHz または 133 MHz となっていました．このクロック周波数で実現されたバーストモードでは，約 800 Mbytes/s または 1.05 GBytes/s の転送速度を実現しました．DDR-SDRAM では，さらにクロックの周波数に 166 MHz が追加され，転送速度は，1.6，2.1，2.7 GBytes/s を実現しています．

現在では，この方式がさらに改善され，DDRII（SDRAM の 4 倍），DDR3（同

100　5. メモリ回路

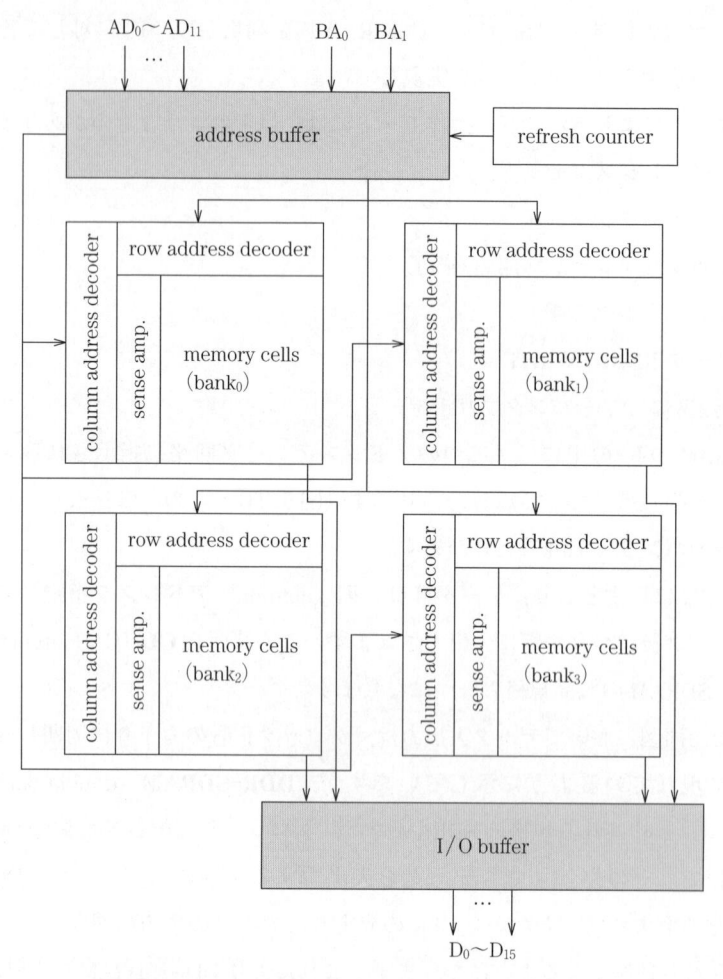

図5.23 バンク (bank) を持った SDRAM の内部構成

8倍)，DDR4（同16倍），GDDR5（同32倍）が提案されています．これらはDDR-SDRAMを複数バンク同時アクセスすることを基本にした構成になっています．

6 マイクロコンピュータの概要

　本書の目的は，ディジタル回路の集大成ともいえる CPU（central processing unit，中央処理装置）を利用して，小規模マイクロコンピュータの設計を試みることにあります。しかし，マイクロコンピュータが世に登場しておおよそ 40 年が経過しており，その間に多くの改良がなされています。

　本章では，設計に関する説明の前に，マイクロコンピュータの簡単な歴史，開発・改良の必要性とその経緯について概要を説明し，マイクロコンピュータが現在の姿に至っている根拠の一端を示します。

6.1　マイクロコンピュータのルーツ

　現在，われわれが利用しているマイクロコンピュータのルーツにあたるものは，1970 年代初頭にインテル（Intel）社が開発した 4 ビット CPU，4004 です（図 6.1）。これは日本のビジコン社に所属していた当時エンジニアであった嶋正利氏が，プログラム制御による電卓を開発するために，当時 IC メモリを中心に製造していたインテル社に共同開発をもちかけたことがきっかけとなって

図 6.1　インテル社製の 4 ビット CPU
（出典：ウィキペディア：Released under the GNU Free Documentation License。http://ja.wikipedia.org/wiki/%E3%83%95%E3%82%A1%E3%82%A4%E3%83%AB:Intel_4004.jpg）

います。4ビットCPUというのは，4ビット長のデータを基本的な情報の単位として処理を行うというものであり，その根拠は，4ビットあれば0～9からなる10進数を1桁，表現できることからきています。より大きな桁の計算は，プログラムにより開発することで，当時は高価であった電卓の低価格化を実現しました。

嶋氏は，その後に開発された8ビットCPUであるインテル社の8080や，8ビットCPUのベストセラーとなったザイログ（zilog）社のZ80の開発においても中核的な役割を果たしています。すなわち，現在主流となっているマイクロコンピュータのルーツは，日本人が作ったといっても間違いありません。

6.2　?ビットCPUとは

メモリやI/O機器とCPUとの間でデータの入出力を行うために，CPUにはデータバスと呼ばれる信号線があります。このデータバスの本数（ビット幅）が4ビット長や8ビット長であることから，4ビットCPUや8ビットCPUと呼ばれていました（**図6.2**）。また，このビット幅は，外部装置から読み取ったデータをCPU内部で一時的に記憶する装置（register，**レジスタ**）や演算処理の中心となる記憶装置（accumulator，**アキュムレータ**）のビット長とも一

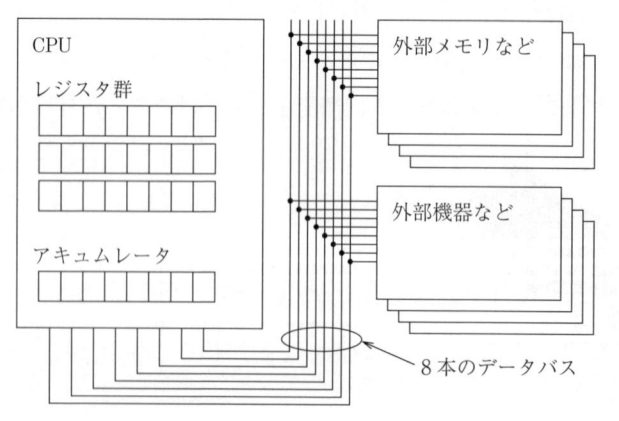

図6.2　8ビットCPUのデータバスとレジスタ，アキュムレータ

致します。現在主流になっている CPU は，32 ビット CPU や 64 ビット CPU ですが，CPU と外部装置とのデータのやり取りをより高速化する必要性から，データバスの本数以上のビット数からなる他の規格の信号線を利用することが多くなっています。その結果，データバスが CPU の外部にそのまま配線されないことが主流となり，何ビット CPU という呼び方は，アキュムレータや内部レジスタなどのビット長で判断するしかなくなっています。

6.3 機　械　語

　CPU が直接，実行することができる言語は，C 言語や FORTRAN などではなく，**機械語**（machine language）と呼ばれる 2 進数（あるいは 4 桁の 2 進数をまとめて呼んだ 16 進数）からなる数字（コード）のみです（**表 6.1**）。この考え方は，現在のコンピュータでもまったく変わっていません。ただし，数字によるプログラム開発は，不可能ではないですがきわめて面倒なので，まずは，機械語に対応した**アセンブリ言語**（assembly language）が定められています。アセンブリ言語によるプログラム開発は，コンピュータの能力を最大限に生かした高速プログラムの開発が可能です。

表 6.1　8 ビット CPU（Z-80）の機械語プログラムとアセンブリ言語の例
（H は 16 進数を表す）

機械語		アセンブリ言語	処理内容
2 進数	16 進数		
00111010	3AH	LD A，（2000H）	メモリの 2000H 番地の内容をアキュムレータ A にコピー
00000000	00H		
00100000	20H		
01000111	47H	LD B，A	アキュムレータ A の内容をレジスタ B にコピー
00111101	3DH	DEC A	A ← A−1
10000000	80H	ADD A，B	A ← A+B
00110010	32H	LD（2001H），A	アキュムレータ A の内容をメモリの 2001H 番地にコピー
00000001	01H		
00100000	20H		

現在，プログラム開発でよく用いられるC言語/C++やFORTRANなどの言語は，**高級言語**（high level language, HLL）と呼ばれており，**コンパイル**（compiling）という作業によりアセンブリ言語/機械語に翻訳されて，実行可能なプログラムになります。

ここで重要となるのは，CPUがどのようなコンセプトで，どのような機械語を用意するのかということです。その考え方は2通りあります。

① **CISC**（complex instruction set computer）

この設計思想は，一つの機械語で複雑な作業を実現するようにCPUを設計し，かつ多種多様な機械語を用意するものとなっています。各機械語のビット長が可変になり，その処理時間は遅くなることが多いが，簡潔な機械語プログラムで，より複雑な処理を実現することができるようになります。インテル社やAMD社が提供しているCPUは，おもにこのコンセプトにのっとって設計されています。

ただし，一つの機械語で複雑な作業を実現するために，CPUの内部回路が複雑化してしまっては，ハードウェア上の問題が発生しやすくなります。現在では，機械語での処理内容を記述する単純命令（インテル社では**μOPS**と呼んでいます。OPSはoperationsの略です。詳細は非公開）をCPU内に用意し，その単純命令を複数用いて記述することで，機能の拡張が容易に行えるようにしています。

なお，この設計思想では，さまざまに機能が特化されたレジスタ（**一時記憶装置**）がCPU内に用意される傾向があります。

② **RISC**（reduced instruction set computer）

この設計思想は，機械語命令の種類は必要最小限度にとどめ，ただし一つひとつの機械語の実行速度を非常に高速で処理できるように設計するものです。各機械語のビット長は固定され，トータルとして機械語プログラム自体は若干長くなる場合が多いが，総合的な処理そのものは高速になることが期待できます。TI社が提供している**DSP**（digital signal processor）と呼ばれる信号処理CPUやIBM社が提供しているCPUの中には，このコンセプトにのっとって設

計されているものがあります．なお，この設計思想では，機能的に汎用性の高いレジスタを CPU 内に複数用意する傾向を伴っています．

ただし，現在市場に出ている RISC 型 CPU には，その機能の一部には CISC のコンセプトが用いられることもあり，また CISC で用いられる μOPS の実行形式は RISC に該当するので，明快な分類は困難な状態です．

6.4　マイクロコンピュータによる演算

マイクロコンピュータにより実現できる機能の一つは，各種の演算処理を行うことです．初期の 8 ビット CPU で機械語により実行可能であった演算は，論理積，論理和，反転，左右シフト・ローテーションなどの各種論理演算と整数の加減算のみで，乗除算は機械語プログラムにより実現していました．16 ビット CPU の時代に入り，整数の加減乗除のすべての演算を機械語で高速に実行できるようになっています．

一方，小数点以下の値も扱う実数演算は，16 ビット CPU のときにも当初はプログラムにより実現されていて，処理速度は非常に低速でした．そこで，**コ・プロセッサ**（Co-Processor）と呼ばれる補助的な演算装置が CPU に追加・接続できるようになり，科学計算が高速で行われるようになりましたが，このコ・プロセッサは高度な LSI であり CPU 本体よりも高価なものでした．

32 ビット CPU が開発されるようになり，これまでコ・プロセッサで賄っていた実数計算機能を CPU 本体が内蔵するようになり，整数演算，実数演算ともに高速処理が可能になっています．現在では，より高度に並列処理を実現することを目的として，インテル社からは Xeon Phi と呼ばれるコ・プロセッサが提供されています．

われわれが普段利用するコンピュータでは，実数計算の用途が多いため，近年の CPU では，整数演算よりむしろ実数演算のほうが高速で実行できるような CPU も存在しています．ただし，サーバなどデータ管理がおもな作業となるコンピュータ（メインフレーム）では，実数演算よりも整数演算の高速化が

重要な場合もあり，異なった思想で設計されたCPUもあり使い分けられています。

6.5 CPUの動作原理

CPUの処理はプログラムを作成することで高度なものも可能ですが，動作の基本原理は非常にシンプルです。4ビットCPUから初期の16ビットCPUまでの基本動作の概念図を**図6.3**に示します。

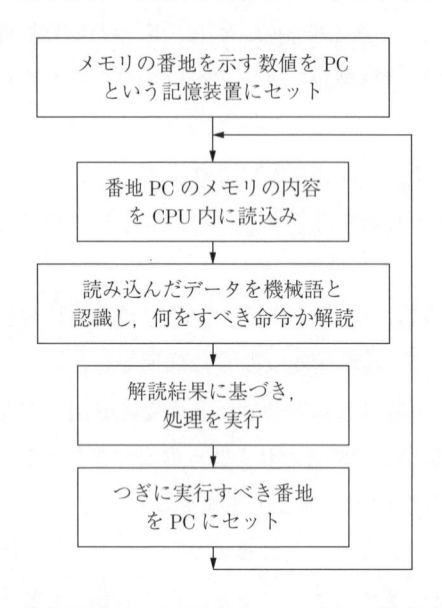

```
┌─────────────────────────┐
│ メモリの番地を示す数値をPC │
│ という記憶装置にセット      │
└─────────────────────────┘
           ↓
┌─────────────────────────┐
│ 番地PCのメモリの内容      │
│ をCPU内に読込み          │
└─────────────────────────┘
           ↓
┌─────────────────────────┐
│ 読み込んだデータを機械語と │
│ 認識し，何をすべき命令か解読 │
└─────────────────────────┘
           ↓
┌─────────────────────────┐
│ 解読結果に基づき，        │
│ 処理を実行               │
└─────────────────────────┘
           ↓
┌─────────────────────────┐
│ つぎに実行すべき番地      │
│ をPCにセット             │
└─────────────────────────┘
```

図6.3 CPUの基本動作の概念図

この基本原理は，1946年にアメリカの数学者ノイマン（John von Neumann）により提案された**ノイマン型コンピュータ**と呼ばれています。これは，番地付けされた記憶装置にプログラムとデータを記憶し，**バス**（bus）と呼ばれる信号線を通じてCPUに読み込まれ処理されるプログラム内蔵方式のディジタルコンピュータの原理を示しており，現在のコンピュータでもこの原理に準拠しています。それ以前のコンピュータは，行いたい演算の内容に従って回路自体を変更する必要があり，汎用性のないものでした。

5章で示したとおりメモリ回路は，多数内蔵されているメモリセルに番地（アドレス）と呼ばれる場所を示す数値が一意的に割り当てられていて，その番地情報を指定することで，多数のメモリセルの中から一つのメモリセルが選択され，選択されたメモリセルに対して情報が読み書きされます。

図6.3に示すとおり，CPUはまずメモリの番地を指定し，その番地に格納されている情報を，データバスを通じて読み込みます。ここで指定される番地情報は，実行すべき機械語が記憶されているメモリの場所を示すものであり，CPU内部の**プログラムカウンタ**（program counter，PC）と呼ばれる一時記憶装置の内容が用いられます。

読み込まれたデータは機械語と認識され，その機械語がどのような作業を行うべきものか判断します。その判断に従って実行すべき作業を実行します。実行が終了したら，読み込むべきつぎのメモリの番地を指定し，処理の先頭に戻ります。CPUの基本動作は，この繰返しになります。

CPUの電源がONとなったときの動作は，CPUの仕様によって異なるが，ある指定された番地のメモリが読み込まれ，図6.3に示す動作が開始されます。後述するZ80CPUでは，アドレスが0番地のメモリが読み込まれるように設計されています。

6.6　データバスとアドレスバス

CPUが外部メモリや各種機器とデータの入出力を行う信号線を**データバス**（data bus）と呼びます。その一方，CPUがメモリの番地の指定を行う，または交信を行う**外部入出力装置**（I/O（input/output）機器）の選択を行う情報を出力する信号線は，**アドレスバス**（address bus）と呼ばれています。

8ビットCPU以降，現在のほとんどの汎用CPUに至るまで，メモリ1番地当りの記憶情報は，いまだに8ビット長に固定されています。その理由の一つには，現在のコンピュータでも，半角文字など8ビット長あれば処理ができる用途があり，メモリ利用の効率化の観点で残されているものと考えられます。

6. マイクロコンピュータの概要

なお，8ビットデータ一つを1 Octet（**オクテット**）と呼びます。以前は1バイトと呼ばれていましたが，歴史的に見ると1バイトは必ずしも8ビットではなかった時期がありますので，本書では，正確に8ビット一組の情報を1 Octと表します。

アドレスバスの本数は，8ビットCPUのころは16本程度ありました。この16本の信号から0（= Low）または1（= High）の2進数が出力され，メモリの番地が16ビットで指定されるので，利用可能なメモリの個数は最大2^{16} = 65 536 Oct（= 約64 kOct）となっていました。なお，CPUの種類によってアドレスバスの本数には差がありますが，16ビットCPUでは20本（= 約1 MOct），32ビットCPUでは32本（= 約4 GOct），64ビットCPUでは64本になっています。

一方，CPUがデータの読み書きを行う相手は，メモリの場合とI/O機器の場合とがあり，それぞれアドレスバスによって一意的に選択されます。CPUにとってメモリは必須の外部装置なので，メモリの番地指定のためアドレスバスが当然利用されますが，I/O機器の選択方法には，CPUによって異なる場合があります。

メモリ回路の一部を開け，そこにI/O機器を配置して，アドレスバスにより選択する方式を**メモリマップドI/O方式**と呼びます（**図6.4**（a））。

（a）　メモリマップドI/O方式　　　　（b）　I/OマップドI/O方式

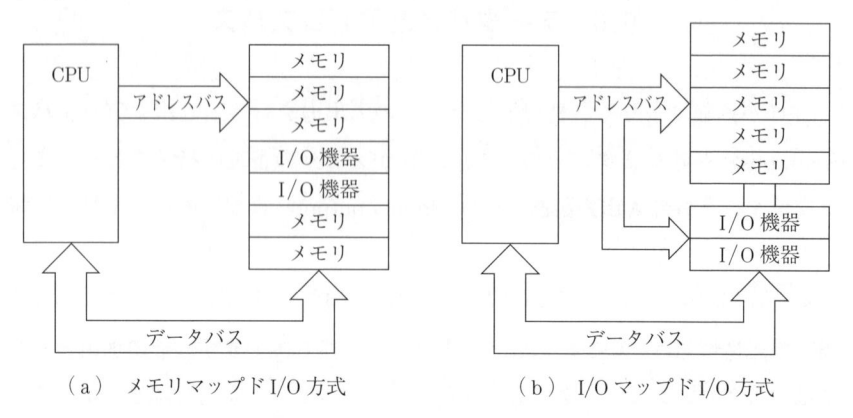

図6.4　メモリマップドI/O方式とI/OマップドI/O方式

その一方，アドレスバスの利用方法を別に用意して，I/O機器のみを配置した空間を用意する方式を**I/OマップドI/O方式**と呼んでいます（同図(b)）。現在われわれが通常利用している汎用のCPUは，I/OマップドI/O方式が採用されていますが，利用するアドレスバスは，CPUが本来持っているアドレスバスの下位半分しか利用していません。ですから8ビットCPUで16本のアドレスバスを持つものであれば，その半分である8本，32ビットCPUで32本のアドレスバスを持つものであれば16本のアドレスバスを利用して，I/O機器を選択しています。

メモリマップドI/O方式は，CPUがメモリをアクセスするのと同じ要領，同じ速度でI/O機器がアクセスできる必要があります。I/O機器のアクセス速度はメモリに比べて遅いことが多く，CPU自体の実行速度が遅い時代は，比較的用いる余地のあった方式です。現在，メモリのアクセス方式は独自に規格化され，I/O機器とは明確に区別されているので，I/O機器をアクセスする方式には，I/OマップドI/O方式が用いられ区別される必要が高まっています。

6.7 システムクロックと各種規格の必要性

CPUの設計の基本は，すべての動作を，入力された基準信号に同期して動作させるように設計することです。入力される基準信号を**システムクロック**（system clock）といい，このような動作を行う回路を**同期順序回路**（synchronous sequential circuit）といいます。このような回路に対し，システムクロックとの同期を考えないものを**非同期順序回路**（asynchronous sequential circuit）といい，非常に高速な回路が設計できる期待もあるが，実現したい処理が複雑になればなるほど，設計が困難になります。

システムクロックは，その周波数が高ければ高いほど，CPUの動作が高速になります。ただし，すべての動作は，原則として，システムクロック1周期で終了するように設計することになるので，実行回路の設計方法によって，シ

ステムクロック周波数の上限はおのずと限られてきます。

4ビットCPUであったインテル社製の4004のシステムクロックは，500〜741 kHzであり，ザイログ社製の8ビットCPUであるZ80では，システムクロックが2〜8 MHz（DIP型の場合）でした．その後，システムクロックの周波数は増加の一途をたどり，現在のCPUでのシステムクロックは，4 GHzを超えるようになっているので，その進歩には目覚ましいものがあります．

ただし，CPUを搭載するメインボード上で4 GHzもの高周波数のクロックを発生させ，配線によりCPUに送り込むことは，クロック信号の劣化やほかの回路への悪影響もあり，合理的な方法とはいえません．そこで32ビットCPUの時期からは，外部で数百MHz程度の周波数のクロック信号を発生させてCPUに与え，CPU内部で周波数を上昇させる**周波数逓倍回路**（frequency multiplier）を実行することで，CPU内部でのみ数GHzのクロックを発生させています．

一方，システムクロックが高速化すればするほど，メモリや外部I/O機器へのデータの読み書き速度（アクセス速度）も高速化します．**図6.5**に，Z80CPUにおけるメモリアクセス信号（$\overline{\mathrm{MREQ}}$）を例に示します．同図に示すように，システムクロック$\overline{\mathrm{clk}}$の周期が短くなればメモリのアクセス時間も短くなり，より高速なメモリ回路が求められます．すなわち，CPUが高速化するのに合わせ，周囲の外部装置も設計し直さざるを得なくなります．規模の小さいシステムであれば，CPUの処理速度に合わせて周辺回路を設計すること

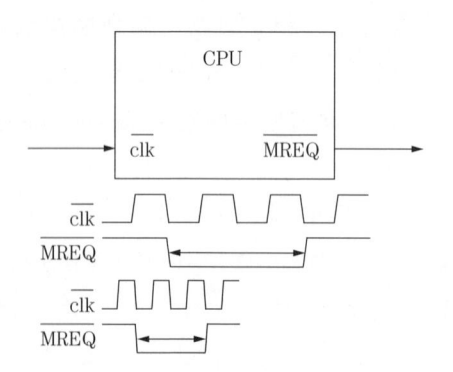

図6.5　システムクロック周波数とメモリアクセス時間の関係

は避けられないが，パーソナルコンピュータのように汎用性の高いシステムでは，この性質は欠点といわざるを得ません。

このような不合理を解消するために，パーソナルコンピュータの分野では，1990年前後から，CPUのシステムクロックと外部メモリ，外部I/O機器の動作クロックを分離する規格が提案され，たとえCPUが高速化しても，規格に準拠したメモリ，I/O機器であれば接続できるようになっています（**図6.6**）。

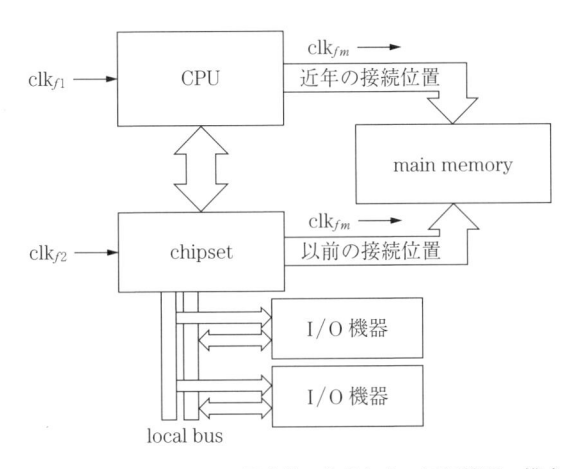

図6.6 CPUのクロック周波数に依存しない周辺機器の構成

メモリに関しては，EDORAM，SDRAM，RDRAM，DDR-SDRAMなどの規格が提案されています。I/O機器に関しては，**ローカルバス**（local bus）という位置付けでISAバス，PCIバスなどの規格が順次提案され，これらローカルバスに適合するよう各種I/O機器が設計されています。これらの規格の提案により，現在のメモリ回路やI/O機器は，さまざまな速度のCPUからなるパーソナルコンピュータで利用できるよう汎用性を高めています。

6.8 パラレルデータ伝送とシリアルデータ伝送

前述のアドレスバスやデータバスのように，複数の信号線を利用して，同時に数十ビットの情報を伝送する方法を，**パラレル（並列）データ伝送方式**

(parallel data transmission system) といいます（**図 6.7**（a））。それに対して，1本（あるいは1対）の信号線に複数ビットの情報を時分割で伝送する方式を**シリアル（直列）データ伝送方式**（setial data transmission system）（同図（b））といいます。

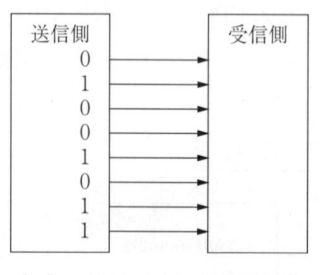

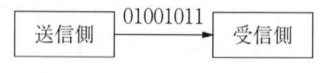

図 6.7 01001011の情報を伝送するときのパラレルデータ伝送方式とシリアルデータ伝送方式

多くの情報を伝送する方式としては，パラレルデータ伝送方式のほうが有効であると感じます。ただし，この方式で超高速データ伝送を実現しようとすると，気を付けるべきポイントが出てきます。それは電気信号の伝達速度と消費電力に関する問題です。

配線の中に伝わる電気信号の伝達速度は，配線の材質，結晶構造とともに，配線基板を含む周囲の材質によって決定されます。真空中にある単結晶からなる金属配線であれば，信号の伝達速度は光速となりますが，周囲に基板等の物質があると光速より若干遅くなることがわかっています。詳しい計算は電気磁気学に任せるとし，ここでは信号の伝達速度を光速（2.9979×10^8 m/s）であると仮定します。

システムクロックを 4 GHz（$=4 \times 10^9$ Hz）とすると，クロックの1周期は 0.25 ns（$=1/(4 \times 10^{-9})$）となります。0.25 ns の間に電気信号が進むことができる配線の距離は，0.0749 m，すなわちわずか 7.5 cm となります。もし，パラレルデータ伝送の複数の配線のうち，ある配線だけが 2.5 cm ほど長くなったら，短い配線に比べて，システムクロックにして 1/3 周期の時間長，遅れ

6.8 パラレルデータ伝送とシリアルデータ伝送

て伝わることになります。そのほか，パラレルデータ伝送のすべての配線の周囲の物質が同じという仮定も必要になりますので，パラレルデータ伝送の超高速化はきわめて難しい技術になります。近年のパーソナルコンピュータでは，メインボード上に 1 GHz の信号を通すようになっていますが，信号の伝達速度を考えると，それはじつに高度な技術です。

さらに，1 章で示したとおり CMOS による回路は，High-Low に変化するときに消費電力が増加するので，32 本あるいは 64 本の信号線を同時に配線し，高い周波数からなる信号をすべての配線で伝えれば，消費電力も 32 倍あるいは 64 倍にもなり得ます。

現在主流になっているデータ伝送方式は，シリアルデータ伝送方式です。この方法は，前述のように，1 本（あるいは 1 対）の信号線に時分割で複数ビット長のデータ伝送を実現します。また，データ伝送のタイミングを計るために，さらに 1 ～ 2 本（あるいは 1 ～ 2 対）の信号線が伴います。この方法のメリットは，複数のビットを伝送する場合も，配線の本数が増えないということにあります。ただし信号伝送の高速化が課題になりますが，その問題解決のために，2.5.3 項に示した差動回路が利用されています。

表 6.2 に，パラレルデータ伝送方式およびシリアルデータ伝送方式によるハードディスク，ローカルバスの規格の種類と，データ伝送速度とを比較したものを示します。表に示すとおり，近年の規格はシリアルデータ伝送でも十分高速な情報伝送が可能となっています。特に，PCI Express では，4 対，8 対，16 対などを同時に利用することも可能で，より高速な I/O 機器接続が実現されています。

なお，CPU と外部機器とのデータのやり取りでは，CPU と外部機器との間でデータを書き出す場合と読み込む場合とがあります。シリアルデータ伝送方式には，同一の 1 対の信号線を使って情報の入出力を時分割で行う方法があり，これを**半二重伝送方式**（half-duplex transmission system）と呼びます。ハードディスクの SATA がそれに当たります。それに対して信号の入力用と出力用とで 2 対の信号線を使う方式もあり，これを**全二重伝送方式**（full duplex

6. マイクロコンピュータの概要

表 6.2 ハードディスク，ローカルバスの各種規格

形 態	ハードディスク	伝送速度	ケーブル本数
パラレル	ATA-4（UDMA）	16.7～33.3	40
	ATA-5（UDMA）	44.4～66.6	40
	ATA-6（UDMA）	100	40
	ATA-7（UDMA）	133.3	40
	SCSI-1	5	50
	SCSI-2	10～40	50，68
	Ultra SCSI	80～640	68
シリアル	SATA 1.0	150	7
	SATA 2.0	300	7
	SATA 3.0	600	7
		〔MOct/s〕	〔本〕

形 態	ローカルバス	伝送速度	ビット幅
パラレル	EISA	32	8，16，32
	PCI	133.3～266.6	32
	PCI	266.6～800	64
シリアル	PCI-Express（G1）	500	（1対）
	PCI-Express（G2）	1 000	（1対）
	PCI-Express（G3）	2 000	（1対）
	PCI-Express（G4）	4 000	（1対）
		〔MOct/s〕	〔本〕

transmission system）と呼びます。ハードディスクの SAS および PCI Express がこれに当たります。

　一方，シリアルデータ伝送の普及は，回路設計におけるバス（bus，母線）の扱いを変えることになります。3ステートロジックの利用を前提にしたバス方式は，必要に応じて機器の増設，削除を可能にしてきました。しかし，I/O 機器を増設，削除するということは，バスにかかる抵抗やコンデンサに関わる負荷を確定できないことを意味し，超高速動作の妨げになります。そこで，バスを用いた配線は CPU やローカルバスを制御する LSI の内部にとどめ，LSI と I/O 機器との接続は1対1を前提としたシリアルデータ伝送に代わってい

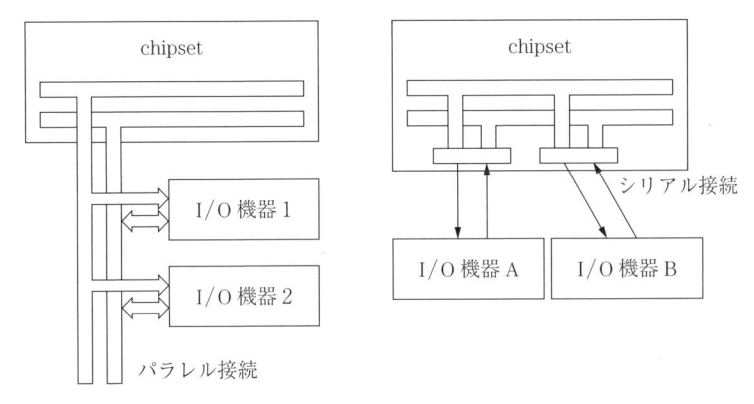

図 6.8　ローカルバスの位置付け

ます（図 6.8）。

6.9　「配線」を表す電気回路

　前述のように，電気信号の伝搬速度を気にしなければならないほど高速化している現在のコンピュータですが，高速動作をすればするほど，メインボード上の配線一つをとっても，正常に動作させるための技術が必要になってきます。例えば，ディジタル回路に用いられる信号は，High-Low を伴う方形波になりますが，これを電気回路における交流回路として評価してみます。

　交流回路では，電源を角周波数 ω（〔rad/s〕$= 2\pi f$, f は周波数〔Hz〕）の正弦波として扱い，抵抗 R，コンデンサ C，コイル L などによるインピーダンス $Z_R(\omega)$, $Z_C(\omega)$, $Z_L(\omega)$ を評価します。虚数単位を j とすると，$Z_R(\omega)$, $Z_C(\omega)$, $Z_L(\omega)$ は，それぞれ

$$Z_R(\omega) = R \tag{6.1}$$

$$Z_C(\omega) = \frac{1}{j\omega C} \tag{6.2}$$

$$Z_L(\omega) = j\omega L \tag{6.3}$$

で表されます。虚数単位は位相を表現するために用いますので，ここでは簡単化のため，インピーダンスの絶対値で考えます。すなわち

$$|Z_R(\omega)| = R \tag{6.4}$$

$$|Z_C(\omega)| = \frac{1}{\omega C} \tag{6.5}$$

$$|Z_L(\omega)| = \omega L \tag{6.6}$$

で表します。これらの式を見てもわかるとおり，流れる信号の周波数に依存しない素子は，交流回路理論では抵抗 R だけです。

つぎに，配線について考えます。配線に銅を用いると仮定すると，銅は $0.0172\,\Omega \cdot mm^2/m$（20℃）の抵抗を伴い，線の太さによって抵抗は変化しますし，線が長ければそれにつれて抵抗が増大します。さらに，配線の中を流れる信号の周波数が高くなると，**表皮効果**（skim effect）によって，配線の表面にしか電流が流れなくなり，結果として電流が流れる配線の断面積が小さくなって抵抗が増大します。すなわち配線により発生する抵抗 R も，結果として，流れる信号の周波数をパラメータに持つ要素 $R(\omega)$ になります。

また，ディジタル回路の配線は，信号線と接地線が対になることも多く，パラレルデータ伝送のバスであれば，数十本の信号が並行して配線されることもよくあります。金属が2本並べば，電極が二つ並んだコンデンサの構造となり，容量性負荷が発生します。さらに，配線は直線的にできる場合はほとんどなく，しばしば曲がったものになります。配線が曲がれば，コイルの要素も生まれます。これらを考慮すると，2本並んだ配線は，単なる線ではなく，厳密には抵抗，コンデンサ，コイルが組み合わされた複雑な回路と等価になります（**図 6.9**）。

もちろん，同図の R_k，C_k，L_k はそれぞれきわめて小さな値であり，そこに流れる交流信号の角周波数 ω が低ければ式 (6.5)，(6.6) より $|Z_C(\omega)| = \infty$，$|Z_L(\omega)| = 0$ となり，それぞれ無視できます。しかし，配線に流れる交流信号の周波数が現在のコンピュータのように $f = 1\,GHz$（$= 10^9\,Hz$：$\omega = 2\pi 10^9\,rad/s$）かそれ以上の周波数になった場合，式 (6.5) に示すコンデンサのインピーダンスは分母が大きく $|Z_C(\omega)| \neq \infty$ となり，また式 (6.6) のコイルのインピー

6.9 「配線」を表す電気回路

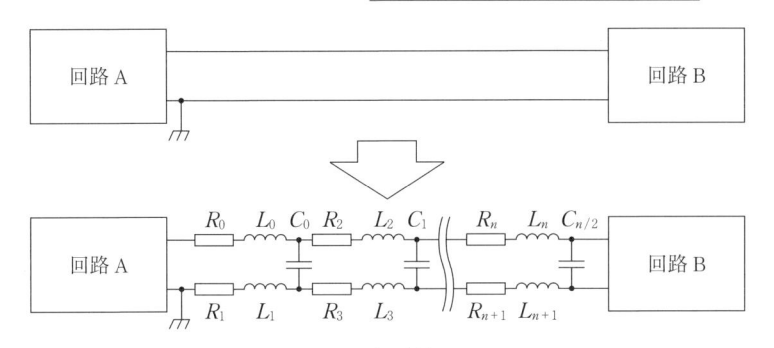

図 6.9 配線の等価回路例

ダンスは $|Z_L(\omega)| \neq 0$ となってきます。

一方，交流回路としての評価は信号が単一周波数の正弦波の場合ですが，ディジタル回路で扱う信号は方形波です。そこで，方形波を含むあらゆる周期波をさまざまな周波数・振幅からなる正弦波，余弦波の集合で表す**フーリエ級数展開**（Fourier series expansion）を利用して評価すると，方形波は次式で表されます。

$$f(t) = 0.5 + \frac{2}{\pi} \sum_{n=1}^{\infty} \frac{1}{2n-1} \sin((2n-1)t)$$
$$= 0.5 + \frac{2}{\pi} \left\{ \sin(t) + \frac{1}{3}\sin(3t) + \frac{1}{5}\sin(5t) + \frac{1}{7}\sin(7t) + \cdots \right\} \quad (6.7)$$

この式は元の方形波を振幅=1，角周波数 $\omega=1$ に正規化したものです（**図 6.10**）。

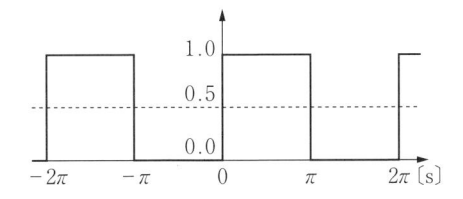

図 6.10 フーリエ級数展開するディジタル波形

重要なことは，角周波数 ω の方形波は，角周波数 ω の正弦波だけではなく，$3\omega, 5\omega, 7\omega, \cdots$ などより高周波数の正弦波 $\sin((2n-1)\omega t)$ を伴う無限級数で表される信号であるということです。すなわち 1 GHz の方形波は，1 GHz, 3 GHz, 5

GHz, 7 GHz, …の正弦波の集合になります。これらを考慮すると、方形波に含まれる高周波数の正弦波成分に伴い発生するコンデンサのインピーダンス $|Z_C((2n-1)\omega)|$ は徐々に小さくなり、一方の配線に流れていた信号がついには並行に配線されていた信号線に乗っていくことになります。これを**クロストーク**（crosstalk, 漏話）と呼びます。コイルのインピーダンス $|Z_L((2n-1)\omega)|$ は高周波数になるほど大きくなります。このほか、回路のインピーダンスマッチングや信号の反射も考慮する必要が発生しますので、高周波数の信号を伝える配線には高度な技術が必要になります。

ただし、無限の周波数を正確に伝送する配線自体が存在しません。したがって、CPU が同期している方形波は、高周波数になるほど、とても方形波には見えないような波形に同期して動作する必要に迫られます。

6.10 キャッシュメモリ

16 ビット CPU の後期以降から現在の CPU に至るまで、CPU 内部には**キャッシュメモリ**（cache memory）と呼ばれる超高速アクセスが可能なメモリが内蔵されています。キャッシュメモリは、外部のメモリ回路から多数の機械語命令やデータを先行読込みして蓄え、CPU 内部で超高速アクセスすることで処理の高速化を実現する装置です。高速アクセス実現のため、キャッシュメモリには SRAM が用いられます。

CPU のような IC 内部での処理に比べ、メインメモリを含む外部回路のアクセス速度は遅く、機械語命令を一つずつ外部メモリから読み込んで処理するのでは、処理の高速化が望めません。また、表 6.1 に示したプログラムの中で、LD B,A、DEC B、ADD A,B などの機械語命令は、CPU 内部のレジスタのみを利用した処理なので、機械語を読み込んだあとはメモリへのアクセスが発生せず、データバス、アドレスバスが未使用になります。キャッシュメモリの発想は、こういったバスの空き時間を積極的に利用し、外部メモリを先行読込みして CPU 内の高速メモリに蓄えるところから始まっています。

6.10 キャッシュメモリ

このキャッシュメモリは，CPUの高速動作には欠かせない技術となっています。構成としては，小容量だが超高速アクセス（1アクセス＝1クロック長）が可能なL1（Layer 1）キャッシュ，L1キャッシュより低速（1アクセス＝10クロック長程度）ですが，中容量のL2（Layer 2）キャッシュなどがあります（**図6.11**）。近年ではL2キャッシュより低速（1アクセス＝50〜100クロック長程度）ですが，より大きいサイズのL3（Layer 3）キャッシュを内蔵するものも現れています。もちろん，L3キャッシュのアクセスは，外部メインメモリより高速です。

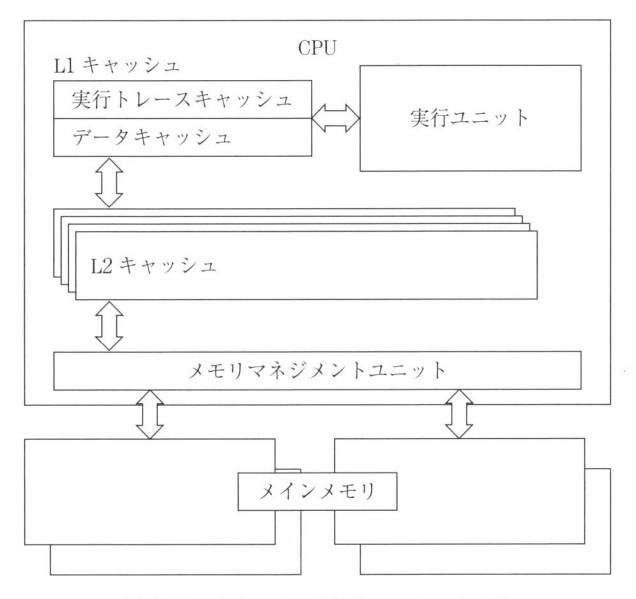

図6.11 メインメモリとキャッシュメモリ

CPU内部の実行ユニットに最も近い位置にあるのはL1キャッシュで，これには実行すべき機械語命令を先行して蓄える**命令トレースキャッシュ**（instruction trace cache）と，データを部分的に蓄える**データキャッシュ**（data cache）とから構成されます。実行ユニットによりデータキャッシュの記憶内容が変更された場合には，L2キャッシュ以下のメモリに変更が加えられる必要があります。この方式には**ライトスルー**（write through）**方式**と**ライトバッ**

ク（write back）方式とがあります。

　ライトスルー方式は，上位のキャッシュメモリの内容が変更されたら，すぐに，下位のキャッシュメモリを変更するものであり，L1 キャッシュと L2 キャッシュとの間の整合性確保によく用いられます。

　また，ライトバック方式は，ほかの処理とあわせてデータの不整合が起きない限り下位のメモリに反映させない方式です。この方法は，制御は難しいがマルチ CPU 環境に適した能率のよい方式であり，L2 キャッシュと外部メインメモリとの整合性確保に用いられます。

　キャッシュメモリの運用方法は困難をきわめます。例えば，データキャッシュ（L1）については，必要な番地のメモリの内容が蓄えられているか，あるいは下位キャッシュに読み込まれていれば高速アクセスが期待できますが，それらのキャッシュメモリに読み込まれていないデータが必要になった場合には外部メモリを読み込む必要が生じるため，必ずしも高速化しません。また，命令トレースキャッシュ（L1）については，機械語命令を順次処理している状態であれば有効に機能します。しかし，大きなプログラムが繰り返されたり，ジャンプ命令が実行され処理すべき番地が大幅に変わると，キャッシュメモリの読み直しが発生しやすくなります。高級言語のコンパイラの最適化処理の中には，繰返し命令を解除して一列に並べ，大きな分岐が発生しないようにすることでキャッシュメモリを有効活用する処理も用意されています。また CPU では，条件ジャンプ命令も含め分岐の方向を予測して，先行読込みする番地を決定する機能についても深く検討されています。

　なお，外部メインメモリと CPU 内キャッシュメモリとの情報の読み書きは，メモリマネジメントユニットという回路で行います。この回路は，以前はチップセットと称する CPU の支援 LSI に内蔵され，これを経由してアクセスされていた時期もありましたが，現在では高速アクセス実現のため CPU 内に内蔵されていることが多いです。キャッシュメモリは，ライン（ブロック）単位でデータが確保，更新されます（L2 キャッシュは数〔k バイト〕，L1 キャッシュは数十〔バイト〕単位）。必要なラインを高速で検索する必要があるため，

キャッシュメモリにはデータ情報のほかに番地情報，タグ情報がセットで記憶されます。それらの管理方法はいくつか提案されていますが，現在では **n-Way Set Associative 方式**と呼ばれる方法がよく用いられています。

6.11 パイプライン処理

一つの機械語命令をメモリから読み込み，実行する処理を体系化すると，以下の5段階に大別できます。

① **IF**（instruction fetch）**動作**
② **ID**（instruction decode）**動作**
③ **EX**（execute）**動作**
④ **MA**（memory access）**動作**
⑤ **WB**（write back）**動作**

なお，パイプラインの考え方は多様であり，④MAを③EXに含めて考える場合もあるほか，実際のCPUではさらに段階がさまざまに細分化される傾向があります。また，⑤WBは，キャッシュメモリの運用方法に出てきたものとは，具体的な作業内容が異なるものです。

分割された一つひとつの処理は，システムクロックにして1クロックで実行できるように構成されます。このような構成のシステムを高速実行することを目的として，**表**6.3のようなパイプライン処理による並列実行が用いられています。この構成の場合，実行ユニットを含めたすべての処理系が複数必要にな

表6.3　パイプライン処理の基本

機械語命令

ML_1	IF_1	ID_1	EX_1	MA_1	WB_1			
ML_2		IF_2	ID_2	EX_2	MA_2	WB_2		
ML_3			IF_3	ID_3	EX_3	MA_3	WB_3	
ML_4				IF_4	ID_4	EX_4	MA_4	WB_4
ML_5					IF_5	ID_5	EX_5	MA_5	WB_5

りますが，この構成を利用すると，プログラムがある程度進行すれば，一つの命令があたかも1クロックで終了するかのような処理を実現できます。

ただし，キャッシュメモリの存在と同様に，運用には工夫が必要になります。例えば，C言語プログラムでのa=b+c;d=e+f;のように，たがいに影響を及ぼさない演算であれば並列処理が可能であり，パイプライン処理を生かすことができます。しかし，a=b+c;d=a+f;のように，最初の演算の結果をつぎの演算に利用する場合には，最初の演算を実行しメモリに保存したあとでつぎの計算を実行する必要が生じます。このように，たがいに依存関係がある処理によりパイプラインの流れを止めなければならない状況を，**パイプラインハザード**（pipeline hazard）と呼んでいます。

パイプラインハザードには，データの依存性から生じる**データハザード**（data hazard），それぞれの処理において同一リソース（メモリやレジスタなど）に同時アクセスが必要になることから生じる**構造ハザード**（structural hazard），条件分岐命令などにより実行すべき命令が変わることにより生じる**分岐ハザード**（branch hazard）（または**制御ハザード**（control hazard））などがあり，コンパイラによる処理の制御やさまざまな処理構造の工夫が現在でも行われています。

6.12 マルチコア・マルチスレッド時代

パイプライン処理により，CPU内部に複数の実行ユニットを置くことの有効性が明らかとなっています。その一方，1章で示したとおりCMOS回路の動作では，信号のHigh-Lowの変化のときに多くの電流を消費します。その結果，数GHzのシステムクロックで動作するCPUの消費電力は，わずか一つのLSIにもかかわらず100Wを超えるものも現れています。

CPUにおける消費電力Wは，システムクロックの周波数をf_c，電源電圧をV_dとしたとき，次式で概要を表すことができます。

$$W = \alpha f_c V_d^2 \tag{6.8}$$

α は係数です。すなわち，消費電力はシステムクロックの周波数に比例し，電源電圧の2乗に比例します。このような特性の中，CPU の消費電力を抑える手段としては，電源電圧を低下させる努力が有効であり，現在のトピックスの一つとして，1V以下の低電圧で高速動作する半導体の開発が行われています。

一方，コンピュータを管理するマイクロソフト（Microsoft）社の Windows や Linux などのオペレーティングシステムの動作を見ると，システムを管理する数多くの小さなプログラムが常時，動作しています。CPU 中の実行ユニットが一つの場合，一つひとつの小さなプログラムを時分割処理する必要が発生します。CPU を高速化させれば，時分割処理も当然高速化しますが，もし CPU の中に実行ユニットが複数存在すれば，これらのプログラム群は，高速で並列実行することも可能になります。その場合，システムクロックが多少遅くても，見た目の実行速度の低下は実感しなくて済む場合があり，結果として，消費電力の低減が可能になります。

現在の CPU では，複数の実行ユニットを CPU 内に多数存在させることで，消費電力の増加を抑えながらコンピュータとしての能力を高める設計法が主流になっています。

複数の"独立したプログラム"を同時進行させることに主眼を置いた並列処理ユニットを，**マルチコア**（multi-cores）と呼びます。また"一つのプログラム内"の作業を並列実行することを主眼に置いたものを**マルチスレッド**（multi-threads）と呼んでいます。マルチスレッドでの並列処理は，メモリに格納した変数の共有が重要な要素になります。

7 小規模コンピュータの設計

6章に述べたとおり，現在の CPU は高速，高性能であるとともに，入出力信号はさまざまな規格にのっとって設計・作成されているため，基本的原理を理解することは容易ではありません。そこで，原理的に現在にも通じる基盤が築かれた 8 ビット CPU を例にとり，その機能について説明するとともに，CPU とメモリ回路，簡単な I/O 機器との接続回路の設計について解説します。

本章で取り上げる 8 ビット CPU は，ザイログ社製の CPU である Z80 とします。なお，同 CPU は，さまざまなメーカが互換 CPU を作成・販売しており，アドレスバスの本数や機械語命令が拡張されたものも存在しますが，ここではおもに，オリジナルの Z80 CPU の仕様に基づいて解説します。

7.1 Z80 のピン配置と機能の概要

図 7.1 に Z80 CPU の外観を，また図 7.2 にそのピン配置を示します。同図は，DIP (dual inline package) 型 40 ピンのものですが，このほか QFP (quad flat package) 44 ピンのものもあります。

以下に，各ピンの機能を示します。なお，$\overline{\text{MREQ}}$ など，上にバーが付いて

図 7.1　Z80 CPU の外観（DIP 型）

7.1 Z80のピン配置と機能の概要

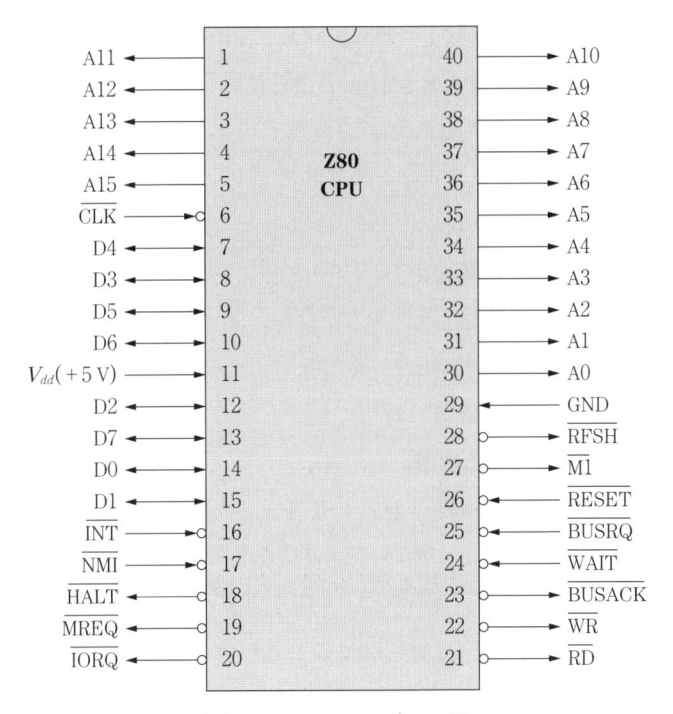

```
A11 ─◄─  1        40  ─►─ A10
A12 ─◄─  2        39  ─►─ A9
A13 ─◄─  3        38  ─►─ A8
A14 ─◄─  4  Z80   37  ─►─ A7
A15 ─◄─  5  CPU   36  ─►─ A6
CLK ──○─ 6        35  ─►─ A5
 D4 ─◄─  7        34  ─►─ A4
 D3 ─◄─  8        33  ─►─ A3
 D5 ─◄─  9        32  ─►─ A2
 D6 ─◄─ 10        31  ─►─ A1
Vdd(+5V) ─ 11     30  ─►─ A0
 D2 ─◄─ 12        29  ──── GND
 D7 ─◄─ 13        28  ○── RFSH
 D0 ─◄─ 14        27  ○── M1
 D1 ─◄─ 15        26  ○── RESET
INT ─►─ 16        25  ○── BUSRQ
NMI ─►─ 17        24  ○── WAIT
HALT ──○ 18       23  ○── BUSACK
MREQ ──○ 19       22  ──── WR
IORQ ──○ 20       21  ──── RD
```

図7.2 Z80 CPUのピン配置

いる信号線は，通常はHigh（=1）であり，Low（=0）になったとき，所定の動作をする信号線です（**active low** と呼びます）．

・A0 ～ A15（アドレスバス）：出力信号

メモリの番地やI/O機器の番地を指定するのに用いられる信号．

・D0 ～ D7（データバス）：入出力信号

アドレスバスにより選択されたメモリやI/O機器に対して読み書きを行いたいデータの入出力信号．

○**システム制御信号**

・$\overline{\text{MREQ}}$（memory request）：出力信号

アドレスバス（A0 ～ A15），データバス（D0 ～ D7）を利用してメモリにデータを読み書きするときLowとなる信号．

・$\overline{\text{IORQ}}$（I/O request）：出力信号

アドレスバス（A0 〜 A7），データバス（D0 〜 D7）を利用して，I/O 機器にデータを読み書きするとき Low となる信号．

なお，メモリへのアクセスと I/O 機器へのアクセスが同時に発生することはないので，$\overline{\text{MREQ}}$ と $\overline{\text{IORQ}}$ とが同時に Low になることはありません．

・$\overline{\text{RD}}$（read）：出力信号

メモリあるいは I/O 機器から，データバスを通じて，データを読み込みたいとき Low になる信号．

・$\overline{\text{WR}}$（write）：出力信号

メモリあるいは I/O 機器に対して，データバスを通じて，データを書き込みたいとき Low になる信号．

なお，メモリや I/O 機器へのアクセスで，入出力が同時に発生することはないので，$\overline{\text{RD}}$ と $\overline{\text{WR}}$ とが同時に Low になることはありません．現在のおもな CPU では，これらが $R/\overline{W}$ という信号にまとめられ，$R/\overline{W}$ = High のときにデータ読込み動作，$R/\overline{W}$ = Low のときにデータ書出し動作としています．

・$\overline{\text{RFSH}}$（refresh）：出力信号

ダイナミックメモリ利用時に必要となるリフレッシュ動作を実行するとき Low になる信号．$\overline{\text{RFSH}}$ = Low になる時間は，CPU 内部が機械語を解読しているフェッチサイクルの最中に発生し，このとき，CPU はメモリなどをアクセスしないことが保証されます．

・$\overline{\text{MI}}$（machine cycle 1）：出力信号

$\overline{\text{MREQ}}$ と $\overline{\text{MI}}$ とがともに Low となったとき，CPU 内部ではフェッチサイクル中であることを示しています．また，$\overline{\text{IORQ}}$ と $\overline{\text{MI}}$ とがともに Low となったとき，後述する割込み処理を受理する作業をしています．

○ **CPU 制御信号**

・$\overline{\text{HALT}}$（halt state）：出力信号

機械語命令 HALT が実行され，CPU の動作が停止したとき Low となる信号．この間，ダイナミックメモリのリフレッシュ作業が途切れないようにす

るため，CPU は機械語 NOP（not operation，何もしない命令）を繰り返し実行しています。この状態から抜けるためには，後述する割込みをかけるか，あるいは CPU をリセットする必要があります。

・$\overline{\text{WAIT}}$（wait）：入力信号

メモリや I/O 機器へのデータの読み書き動作において，CPU が求めるスピードでは動作できない回路・装置を接続する場合，アクセス中にこの信号に Low を与えると，アクセス時間の延長を行うことができます。

・$\overline{\text{INT}}$（interrupt request）：入力信号

現在 CPU が実行しているプログラムを外部回路からの指示で中断し，指定のプログラムを実行する割込み処理を実行させたいとき，この信号に Low を与えます。割込み処理については後述します。ただし，$\overline{\text{INT}}$ による割込みは，プログラムによって受付けを禁止できるタイプの割込みです。

・$\overline{\text{NMI}}$（non-maskable interrupt）：入力信号

$\overline{\text{INT}}$ と同様に，CPU への割込み要求信号ですが，$\overline{\text{NMI}}$ による割込みは，プログラムによって受付けを禁止することができません。ノート PC などで想定できるバッテリーの電源電圧の低下や CPU のオーバヒートを含めたハードウェア異常など，コンピュータが正常動作不能に陥るような事象が発生したときに用いる割込みです。

・$\overline{\text{RESET}}$（reset）：入力信号

この信号に Low を与えることにより，CPU を初期化できる信号です。ただし，Z80 CPU をリセットしたいときには，システムクロック 3 周期分の時間長について Low にし続ける必要があります。

○ **CPU バス制御信号**

・$\overline{\text{BUSRQ}}$（bus request）：入力信号

CPU のアドレスバス，データバス，各システム制御信号に接続されているメモリや I/O 機器を外部装置に利用させたいとき，この信号に Low を与えます。CPU を介さず大量のデータをコピーさせる装置である DMA（direct memory access）を稼働させるとき，DMA を実行する IC が CPU のこの入力

に対して要求を出します。

・$\overline{\text{BUSACK}}$（bus acknowledge）：出力信号

　$\overline{\text{BUSRQ}}$にLowが与えられたときにCPUが実行していた機械語命令が終了し，各バス信号を開放できるようになったとき，この信号からLowが出力されます．このとき，CPUの動作は完全に停止するとともに，CPUのアドレスバス，データバス，システム制御信号のピンはすべてHigh-Z（ハイインピーダンス）状態になり，それらに接続されているメモリやI/O機器は，$\overline{\text{BUSRQ}}$を出力した装置の管理下に入ります．DMAなどのICがCPUに各バス信号を戻したいときには，$\overline{\text{BUSRQ}}$をHighに戻します．

・$\overline{\text{CLK}}$（clock）：システムクロック

　CPUのすべての動作は，この信号に同期して行われます．システムクロックの周波数は，DIP型40ピンのZ80 CPUとしては2～8 MHzのものがあり，またQFP44ピンのZ80 CPUでは4～33 MHzのものがあります．

・電源（V_{dd}, GND）

　Z80 CPUでは，V_{dd}には+5Vを与えます．GNDは0Vです．

7.2　CPUの基本動作とタイムチャート

　図7.3に，Z80 CPUがメモリをアクセスするときのアドレスバス，データバスおよびシステム制御信号の動作を示します．同図（a）は**フェッチサイクル**（fetch cycle）と呼ばれ，メモリから読み込まれたデータを機械語として解読するサイクルを示しています．また，同図（b），（c）は，それぞれ**メモリ読み書きサイクル**（memory read/write cycle），**I/O読み書きサイクル**（I/O read/write cycle）であり，メモリおよびI/O機器に対してCPUがデータの読み書きを行うサイクルを示しています．

　前述のとおり，すべての動作は，システムクロックに同期して実行されており，フェッチサイクルは4クロック長，メモリ読み書きサイクルは3クロック長で実行されます．I/O読み書きサイクルは4クロック長を用意しており，

7.2 CPUの基本動作とタイムチャート　*129*

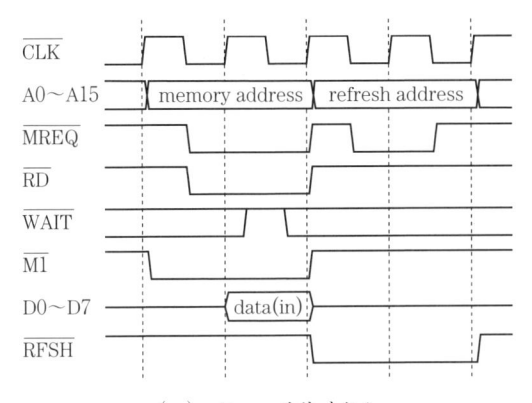

(a) フェッチサイクル

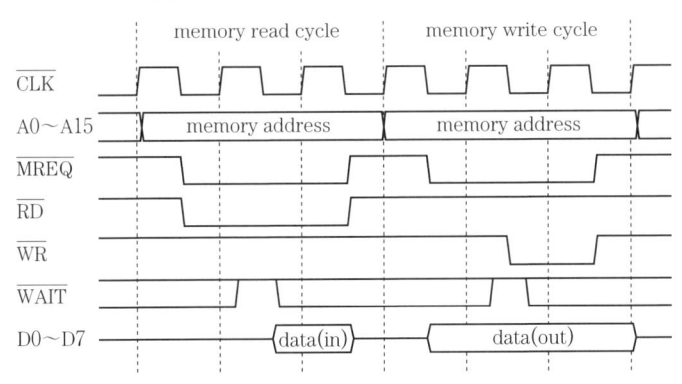

(b) メモリ読み書きサイクル

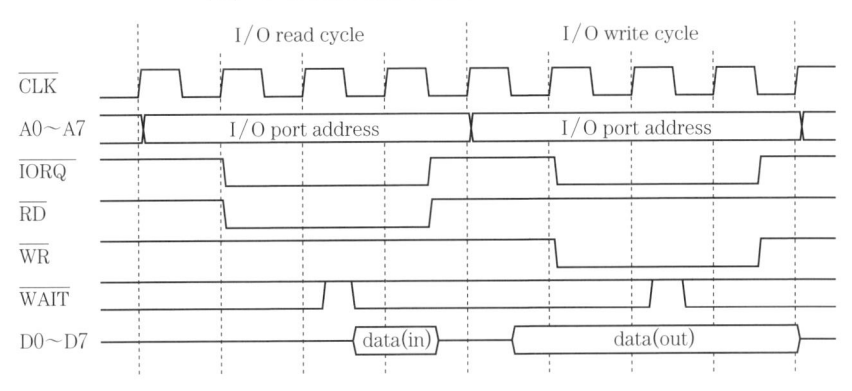

(c) I/O 読み書きサイクル

図 7.3 CPU のメモリ，I/O アクセス時のタイムチャート

アクセスの遅い機器への対応を行っています。

　フェッチサイクルでのメモリ読込み動作は2クロックで実行する必要があり，これをもとに，CPUに接続すべきメモリICのアクセスタイムが定まることとなります。また，フェッチサイクルの3，4クロック目の時間帯は，読み込まれた機械語の解読がなされています。Z80 CPUでは，その時間を利用して，ダイナミックメモリのリフレッシュ作業を行えるよう設計されています。

　5章に示したとおり，DRAMは，行単位あるいは列単位でリフレッシュが行えるように，アドレスデコーダが2系統内蔵されています。Z80 CPUがアドレスバスから出力するリフレッシュアドレスは0から255であり，出力するたびに1が自動的に加算されるようできています。リフレッシュ動作は，$\overline{\text{MREQ}}$＝Low かつ $\overline{\text{RFSH}}$＝Low のとき，A0～A7の出力をDRAM内の一つのアドレスデコーダに与えることで実現します。

　Z80 CPUが発売当時主流となった理由は，DRAMのリフレッシュ機能がCPUに用意されていたことが一つの要因になっていました。それ以前のCPUが安価で大容量のDRAMを使うためには，リフレッシュのための回路を別途用意する必要がありました。ただし，現在のCPUでは，フェッチサイクル後半2クロックのような空き時間がないので，DRAMのIC自体がリフレッシュ機能を持つことを要求されています。

　一方，図7.3に示す各サイクルには，CPUに与えられる $\overline{\text{WAIT}}$ 信号の状態が示されています。同図（a），（b）ではシステムクロックの2クロック目の立下り（あるいは $\overline{\text{MREQ}}$＝Low になったあとの最初の立下り）において，また同図（c）では3クロック目の立下りにおいて $\overline{\text{WAIT}}$＝High であれば，アクセス時間の延長は行わないということを示しています。もし，アクセス時間の延長が必要な場合は，システムクロックの指定の立下り時に $\overline{\text{WAIT}}$＝Low とすればよいでしょう。それ以降，システムクロックの立下り時に $\overline{\text{WAIT}}$ 信号の状態が再確認され，アクセス時間延長の可否が決定されます。

7.3 CPU とメモリ回路の接続

ここでは，Z80 CPU に ROM と SRAM を接続する回路について説明します。まず，どのような仕様で回路を設計するかを考えます。

① 6.5 節に示したとおり，CPU はメモリからデータを一つ読み込み，機械語として翻訳し実行します。特に，CPU に電源を投入したときにもその動作は同様なので，電源を ON した直後から，すでにプログラムを記憶した不揮発性メモリ回路が必要となります。

　　Z80 CPU では，電源 ON 直後にメモリから読み込まれる番地は 0 番地なので，その番地周辺に ROM を用意する必要があります。

② プログラムを実行するに当たり，実行結果を読み書きできる RAM が必要です。

③ Z80 CPU のアドレスバスは 16 本，データバスは 8 本です。

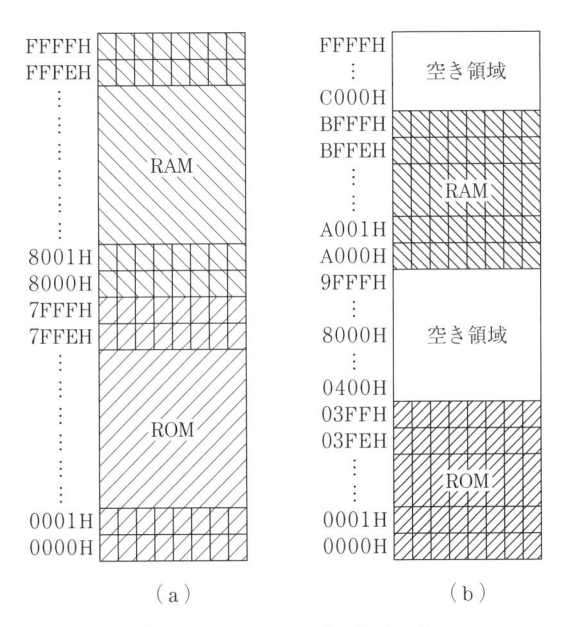

図 7.4　メモリマップの例（2 種）

これらの要件をもとに，まず，**メモリマップ**（memory map）と呼ばれるメモリの配置表を定めます。この仕様は，用途によってさまざま考えることができますが，ここでは図7.4（a），（b）の二つのパターンについて考えます。

Z80 CPUのアドレスバスは16ビット長なので，メモリ指定の番地は0番地から65535番地となりますが，番地情報は2進数あるいは16進数で表したほうが論理設計を容易に行うことができるので，0000H番地からFFFFH番地（Hは16進数）と表します。

同図（a）の仕様では，ROMは0000H〜7FFFH番地に配置し，RAMは8000H〜FFFFH番地に配置しています。また，同図（b）では，ROMは0000H〜03FFH番地に配置し，RAMはA000H〜BFFFH番地に配置しています。これらを2進数表記し，アドレスバスA0〜A15の出力状況との対応表を表7.1に示します。

同表をもとに，用意すべきROMとRAMと，接続回路について考えます。なお，5章での解説に基づいて，利用するROM，RAMの入出力信号は，以下のとおりとします。

○ **ROMの仕様**

・アドレスバス：$A_{o}0 \sim A_{o}x$：$x+1$本。入力。

・データバス：$D_{o}0 \sim D_{o}7$：8本。通常High-Z状態。選択されたとき出力。

・$\overline{CS_o}$：このROMからデータを読み出すときLow（=0）にします。入力。

○ **RAMの仕様**

・簡単化のため，リフレッシュを必要としないSRAMを用います。

・アドレスバス：$A_{a}0 \sim A_{a}y$：$y+1$本。入力。

・データバス：$D_{a}0 \sim D_{a}7$：8本。通常High-Z状態。選択されたとき入力または出力。

・$\overline{CS_a}$：このRAMをアクセスしたいときLow（=0）にする。入力。

・$R/\overline{W}$：このRAMからデータを読み出したいとき$R/\overline{W}$=High（=1），書き込みたいとき$R/\overline{W}$=Low（=0）とする。入力。

7.3 CPUとメモリ回路の接続

表7.1 設計条件（図7.4(a),(b)）におけるアドレスバスの共通項

(a)

	10進数	16進数					番地情報 2進数（各アドレスバスの出力情報）														
							A15	A14	A13	A12	A11	A10	A9	A8	A7	A6	A5	A4	A3	A2	A1	A0
ROM	0	0	0	0	0	0	0	0	0	0	0	0	0	0	0	0	0	0	0	0	0
	1	0	0	0	1	0	0	0	0	0	0	0	0	0	0	0	0	0	0	0	1
	2	0	0	0	2	0	0	0	0	0	0	0	0	0	0	0	0	0	0	1	0
	:	:	:	:	:	:	:	:	:	:	:	:	:	:	:	:	:	:	:	:	:
	32766	7	F	F	E	0	1	1	1	1	1	1	1	1	1	1	1	1	1	1	0
	32767	7	F	F	F	0	1	1	1	1	1	1	1	1	1	1	1	1	1	1	1
RAM	32768	8	0	0	0	1	0	0	0	0	0	0	0	0	0	0	0	0	0	0	0
	32769	8	0	0	1	1	0	0	0	0	0	0	0	0	0	0	0	0	0	0	1
	32770	8	0	0	2	1	0	0	0	0	0	0	0	0	0	0	0	0	0	1	0
	:	:	:	:	:	:	:	:	:	:	:	:	:	:	:	:	:	:	:	:	:
	65534	F	F	F	E	1	1	1	1	1	1	1	1	1	1	1	1	1	1	1	0
	65535	F	F	F	F	1	1	1	1	1	1	1	1	1	1	1	1	1	1	1	1

(b)

	10進数	16進数					番地情報 2進数（各アドレスバスの出力情報）														
							A15	A14	A13	A12	A11	A10	A9	A8	A7	A6	A5	A4	A3	A2	A1	A0
ROM	0	0	0	0	0	0	0	0	0	0	0	0	0	0	0	0	0	0	0	0	0
	1	0	0	0	1	0	0	0	0	0	0	0	0	0	0	0	0	0	0	0	1
	:	:	:	:	:	:	:	:	:	:	:	:	:	:	:	:	:	:	:	:	:
	1022	0	3	F	E	0	0	0	0	0	0	1	1	1	1	1	1	1	1	1	0
	1023	0	3	F	F	0	0	0	0	0	0	1	1	1	1	1	1	1	1	1	1
メモリなし	1024	0	4	0	0	0	0	0	0	0	1	0	0	0	0	0	0	0	0	0	0
	:	:	:	:	:	:	:	:	:	:	:	:	:	:	:	:	:	:	:	:	:
	32767	7	F	F	F	0	1	1	1	1	1	1	1	1	1	1	1	1	1	1	1
	32768	8	0	0	0	1	0	0	0	0	0	0	0	0	0	0	0	0	0	0	0
	:																				
	40959	9	F	F	F	1	0	0	1	1	1	1	1	1	1	1	1	1	1	1	1
RAM	40960	A	0	0	0	1	0	1	0	0	0	0	0	0	0	0	0	0	0	0	0
	40961	A	0	0	1	1	0	1	0	0	0	0	0	0	0	0	0	0	0	0	1
	:	:	:	:	:	:	:	:	:	:	:	:	:	:	:	:	:	:	:	:	:
	49150	B	F	F	E	1	0	1	1	1	1	1	1	1	1	1	1	1	1	1	0
	49151	B	F	F	F	1	0	1	1	1	1	1	1	1	1	1	1	1	1	1	1
メモリなし	49152	C	0	0	0	1	1	0	0	0	0	0	0	0	0	0	0	0	0	0	0
	:	:	:	:	:	:	:	:	:	:	:	:	:	:	:	:	:	:	:	:	:
	65534	F	F	F	E	1	1	1	1	1	1	1	1	1	1	1	1	1	1	1	0
	65535	F	F	F	F	1	1	1	1	1	1	1	1	1	1	1	1	1	1	1	1

○ROM をアクセスするための条件

・表 7.1（a）より，CPU のアドレスバス A0 〜 A14 は，0 または 1 に変化しても同一の ROM が選ばれる必要があるため，Ao0 〜 Ao14 の 15 本のアドレスバス入力を持つ ROM を用意する必要があります。1 番地当りの記憶容量は 8 ビットなので，$2^{15} = 32\,768$ Oct の記憶容量を有する ROM を用意します。

また，表 7.1（b）では，CPU のアドレスバス A0 〜 A9 が 0 または 1 になるので，Ao0 〜 Ao9 の 10 本のアドレスバスを持つ ROM（記憶容量 $2^{10} = 1\,024$ Oct）を用意する必要があります。

・表 7.1（a）より，CPU が ROM からデータを読み込むとき，アドレスバスの A15 はつねに 0 となっています。すなわち，CPU がメモリをアクセスするとき，A15 = 0 になる場合に ROM を選択するように回路設計をします。

また，表 7.1（b）では，A15 = 0 かつ A14 = 0 かつ A13 = 0 かつ A12 = 0 かつ A11 = 0 かつ A10 = 0 のとき，CPU は ROM を選択することになります。

・CPU がメモリを選択するときには，$\overline{\text{MREQ}} = 0$ となります。

・ROM はデータを出力するだけなので，CPU が ROM を選択するときには，$\overline{\text{RD}} = 0$ のときのみ行う必要があります。もし，ROM に対してデータを書き込もうとすると，CPU からのデータ出力と ROM からのデータ出力がデータバス上で衝突し，故障の原因になります。

これらの条件から，ROM を選択するための入力信号である $\overline{\text{CSo}}$ は，以下の条件で設計する必要があります。

図 7.4（a）の場合

$$\overline{\text{CSo}} = \overline{\text{MREQ}} \cdot \overline{\text{RD}} \cdot \overline{\text{A15}} \tag{7.1}$$

図 7.4（b）の場合

$$\overline{\text{CSo}} = \overline{\text{MREQ}} \cdot \overline{\text{RD}} \cdot \overline{\text{A15}} \cdot \overline{\text{A14}} \cdot \overline{\text{A13}} \cdot \overline{\text{A12}} \cdot \overline{\text{A11}} \cdot \overline{\text{A10}} \tag{7.2}$$

となります。

なお，ROM によっては，$\overline{\text{CSo}}$ のほかに $\overline{\text{OE}}$（output enable）という入力ピンがある場合があります。この場合，$\overline{\text{CSo}}$ = Low かつ $\overline{\text{OE}}$ = Low にすることで，ROM のデータバスから記憶データが出力されます。このような仕様の ROM

を使う場合には，$\overline{\text{CSo}}$ の生成に $\overline{\text{RD}}$ を含めず，$\overline{\text{OE}}$ に $\overline{\text{RD}}$ を接続することで同様の設計が可能となります。

○ **RAM をアクセスするための条件**

・表 7.1（a）より，CPU のアドレスバス A0 〜 A14 は，0 または 1 に変化しても同一の RAM が選ばれる必要があるため，Aa0 〜 Aa14 の 15 本のアドレスバス入力を持つ RAM を用意する必要があります。1 番地当りの記憶容量は 8 ビットなので，$2^{15} = 32\,768$ Oct の記憶容量を有する RAM を用意します。

また，図 7.4（b）では，CPU のアドレスバス A0 〜 A12 が 0 または 1 になるので，Aa0 〜 Aa12 の 13 本のアドレスバスを持つ RAM（記憶容量 $2^{13} = 8\,192$ Oct を用意する必要があります。

・表 7.1（a）より，CPU が RAM をアクセスするとき，アドレスバスの A15 はつねに 1 となっています。すなわち，CPU がアクセスするとき，A15 = 1 になる場合に RAM を選択するように回路設計をします。

また，表 7.1（b）では，A15 = 1 かつ A14 = 0 かつ A13 = 1 のとき，CPU は RAM を選択することになります。

・CPU がメモリを選択するときには，$\overline{\text{MREQ}} = 0$ となります。

・CPU は，RAM に対しデータを読み書きするため，ROM と異なり，$\overline{\text{RD}}$ をメモリ選択の条件には加えません。CPU がデータを RAM に書くとき $\overline{\text{WR}} = 0$ となるので，これを RAM の R/$\overline{\text{W}}$ に与えます。なお，RAM の R/$\overline{\text{W}}$ 入力は，$\overline{\text{CSa}}$ = Low となっていなければ動作しないので，CPU の WR を直接接続しても問題はありません。

これらの条件から，RAM を選択するための入力信号である $\overline{\text{CSa}}$ は，以下の条件で設計する必要があります。

図 7.4（a）の場合
$$\overline{\text{CSa}} = \overline{\text{MREQ}} \cdot \text{A15} \tag{7.3}$$

図 7.4（b）の場合
$$\overline{\text{CSa}} = \overline{\text{MREQ}} \cdot \text{A15} \cdot \overline{\text{A14}} \cdot \text{A13} \tag{7.4}$$

となります。

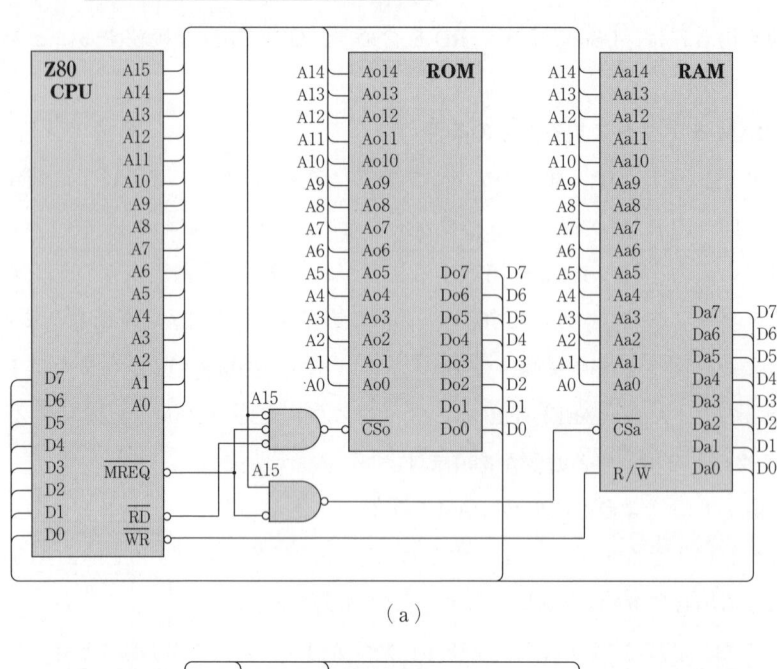

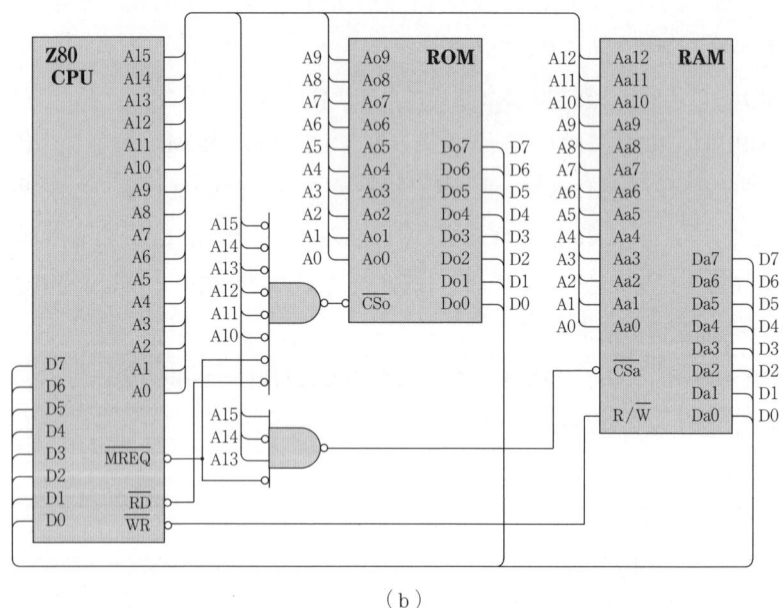

図 7.5 Z80 CPU とメモリとの接続回路

7.3 CPUとメモリ回路の接続

これらを考慮したCPUとROM, RAMとの接続回路を**図7.5**に示します。このようにCPUとメモリとの接続は，メモリのアドレスバスの本数および外部回路で規定すべき条件を決定することで，さまざまなパターンで設計が可能となります。

ただし，この課題では，メモリに求められるアドレスバスの本数に一致した型のメモリを選択していますが，ROMやRAMは量産しているものが安価となるため，場合によっては，設計に要求されるアドレスバスの本数に合わないメモリを利用することが求められる場合があります。

もし，要求よりもメモリのアドレスバスの本数が少ない場合，複数のメモリを利用し，個々のメモリに対して配置番地を決定して，表7.1と同様に条件を決定すればよいでしょう。その一方，要求よりもメモリのアドレスバスの本数が多い場合，メモリには利用しないアドレスバスが発生します。この場合，**図7.6**のように，不要なアドレスバスを0に固定する必要があります。メモリをはじめとするICの入力ピンは入力インピーダンスが高いため，雑音の影響を受けやすく，開放したままでは0または1に不定期に変化する場合があります。このような誤動作を避けるため，利用しない入力ピンは，0または1に固定する必要があります。

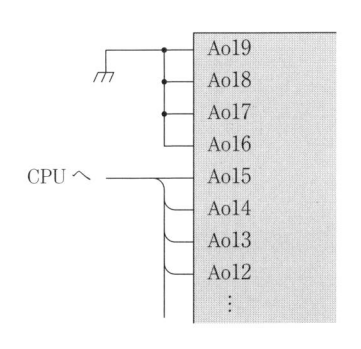

```
            ┌── Ao19
         ┬──┼── Ao18
         ╱  ├── Ao17
            ├── Ao16
CPUへ ──────┼── Ao15
            ├── Ao14
            ├── Ao13
            ├── Ao12
            ⋮
```

図7.6　利用しないメモリ側アドレスバスの処理

また，メモリがROMの場合，ROMに書き込む内容はROMライタなどの外部装置によって書き込む作業を行うことがあります。あまったアドレスバスを0にするか1にするかは，ROMに情報を書き込んだ番地を考慮する必要があります。

7.4 接続する論理回路・メモリICの仕様決定

図7.5に示したとおり，CPUのアドレスバスやシステム制御信号（$\overline{\text{MREQ}}$や$\overline{\text{RD}}$, $\overline{\text{WR}}$）をもとに，メモリの選択信号$\overline{\text{CSo}}$, $\overline{\text{CSa}}$を作成しています。この信号の作成には，同図では論理積回路が一つ必要となっていますが，入力構成は複雑であり，汎用の論理回路を用いて構築する場合には，さらにいくつかの反転回路を必要とすることも考えられます。

2章および4章に示したとおり，論理回路は，入力が与えられてから出力が確定するまでに，必ず遅延時間を伴うこととなります。ここで，CPUの各出力を使ってメモリの選択信号を生成するまでの遅延時間をT_L〔s〕とします。さらに，メモリは，選択されて指定の番地のデータを出力するまでに，アクセスタイムT_a〔s〕で表される遅延時間を伴います。

一方，図7.3（a）に示すとおり，Z80 CPUがメモリからデータを受け取るのに用意されている時間の最小値は，$\overline{\text{MREQ}}$ = Low となっている間であり，システムクロック（$\overline{\text{CLK}}$）にして1.5周期長の時間（T_M〔s〕とする）となっています。Z80をはじめとするCPUがメモリからデータを読み込むタイミングは，$\overline{\text{MREQ}}$および$\overline{\text{RD}}$の上りの瞬間であり，そのときには，メモリはデータをCPUに向けて出力している必要があります。すなわち，CPUとメモリ回路との接続では，選択信号を生成する論理回路の仕様およびメモリの仕様をもとに

$$T_M > T_L + T_a \tag{7.5}$$

の条件を最低限満たすように，論理回路設計およびメモリIC選択をする必要があります（**図7.7**）。

このほか，CPUによっては，$\overline{\text{MREQ}}$および$\overline{\text{RD}}$に相当する信号が立ち上がったとき，読み込むべきデータが一定時間保持されることを要求する場合があります（**ホールドタイム**（holding time，**保持時間**）T_h〔s〕と呼びます）。メモリICの仕様には，アクセスタイムやサイクルタイム，ホールドタイムをはじめとして数多くの時間が規定されており，それらの時間はメモリICの種類に

7.4 接続する論理回路・メモリICの仕様決定

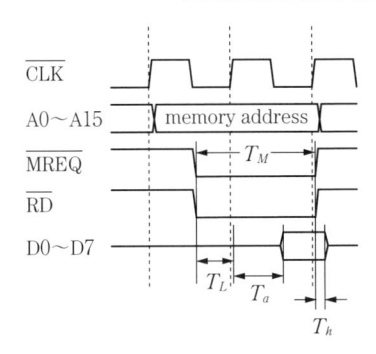

図7.7 CPUのアクセス速度に基づく設計仕様とメモリ選択条件

よってさまざまです．その仕様がCPUの要求仕様に合っている必要があるので，部品選びは慎重に行う必要があります．

CPUのクロック周波数と利用できる論理回路およびメモリICの仕様で，どうしても式(7.5)の条件を満足できない場合，CPUの$\overline{\text{WAIT}}$入力に信号を与え，アクセス時間を延長します．延長を実現する回路例を図7.8に示します．回路にはD-FFを用います．

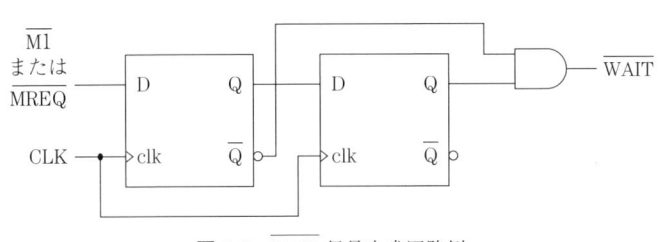

図7.8 $\overline{\text{WAIT}}$信号生成回路例

CPUがメモリをアクセスする時間で最短なのはフェッチサイクルのときであり，フェッチサイクルのときのみ，アクセス時間を1クロック分延長する場合には，一段目のD-FFの入力Dに$\overline{\text{M1}}$を与えます．また，フェッチサイクルおよびメモリ読み書きサイクルすべてにおいてアクセス時間を延長する場合には，入力に$\overline{\text{MREQ}}$を用います．

7.5 CPUとI/O機器の接続回路

I/O機器とCPUとを接続する回路の考え方は，メモリとの接続とほぼ同様です．留意点は，以下のとおりです．

○I/O機器の選択には，アドレスバスA0～A7を使います．2進数8桁で番地（I/O機器の場合，**ポートアドレス**（port address）と呼びます）を指定するので，最大256種類のI/O機器を接続できます．

○アドレスバスにより選択されたI/O機器とのデータの入出力は，データバスD0～D7で行います．

○I/O機器をアクセスするとき$\overline{\text{IORQ}}$=Lowとなるので，これとアドレスバスによりI/O機器を選択します．

○I/O機器に対し，データを入力したいときは$\overline{\text{RD}}$=Low，データを書き込みたいときには$\overline{\text{WR}}$=Lowとなります．

I/O機器の中には，複数のポートアドレスを占有するものもあり，メモリとの接続時のように，アドレスバスの一部をI/O機器に接続することもあります．しかし，単純な入出力回路の場合は，I/O機器一つ当り一つのポートアドレスを使うことになるので，A0～A7のすべてを条件とする回路を外部に用意することもしばしばあります．

図7.9に，外部からの入力回路，および外部への出力回路をCPUに接続する回路を示します．

回路設計の条件を以下に示します．

○入力回路は，I/Oポートの01Hポートに接続します．

○入力回路は，01Hポートが読み込まれたとき，外部に設置された8個のスイッチの情報を入力するようにします．これらの入力回路はデータバスに接続されますが，01Hポートが選択されたときのみデータバスに接続され，その他の時間帯はHigh-Z状態になる必要があります．

○出力回路は，I/Oポートの35Hポートに接続します．

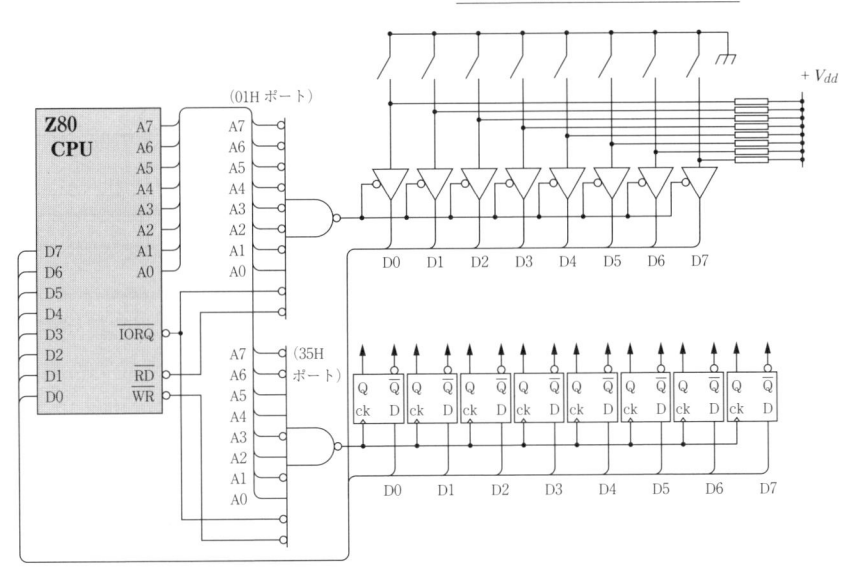

図7.9 Z80 CPUと外部入出力回路との接続

○I/Oポートの35Hポートが選択されたとき，出力回路で出力すべきデータがCPUのデータバスに出力されますが，その時間は一瞬のため，D-FFを使って記憶する必要があります。

なお，3章に示したとおり，FFの出力にノイズが乗ると出力信号Qそのものが変化する場合があるので，D-FFの出力QなどはNOT回路などを経由して外部に出力することが必要ですが，図7.9の回路では省略しています。

7.6 割込み処理

CPUの処理速度に対して，キーボードやマウスのような外部装置は動作が遅く，入出力されるデータもまばらです。このような遅い機器をCPUがつねに監視し，データがきたら何らかの処理を行うとすると，CPUの処理の内容の大半が，「外部装置がデータを送ってくるのを待つ」という作業になります。現在のCPUはマルチタスクであり，同時に複数のプログラムを実行することが可能ですが，Z80 CPUなどの小規模CPUの場合，往々にして実行できるプ

ログラムは一つであり，外部装置を待っている時間は，ほかの処理ができなくなります。

外部装置がデータの準備ができたとき，その装置がハードウェア的にCPUに信号を送り，そのときに指定のプログラムが動作できるような仕組みがあれば，不要な待ち時間を削減できます。このような機能を実現する仕組みが割込み処理です。

Z80 CPUをはじめとするCPUには，NMIとINTとの2種類の割込みが用意されています。

7.6.1 NMI

NMI（non maskable interrupt）は，プログラム的に受付けを禁止できない割込み処理です。例えば，ノートPCのバッテリー電圧の低下や，CPUのオーバヒートなど，ハードウェア的にコンピュータが正常動作できなくなったときに，この割込みが活用されます。Z80 CPUでは，この割込みがかかった場合，現在実行している処理を中断し，メモリの0066H番地以降に記録されている命令が強制的に実行されます。0066H番地以降には，メモリの記憶内容を外部メディアに記録させるなどの処理を実行し，安全にコンピュータをシャットダウンするプログラムを置くことが望ましいのです。もし，0066H番地以降にプログラムを置くことができない場合には，安全にコンピュータをシャットダウンさせるプログラムの先頭番地にジャンプする命令のみを置きます。

NMIは，コンピュータの正常動作に対して危機的な事象が起きたときに利用するものであり，Z80 CPUの場合，NMI入力に対して80 ns以上の幅のLowパルスが与えられれば実行されます。したがって，NMIにLowパルスが与えられたということを記憶するD-FFがCPU内部に内蔵されています。

もし，NMIが与えられたことにより実行させたプログラムが正常終了し，割込みがかかる直前のプログラムに戻る必要がある場合には，Z80 CPUではRETNという特別な機械語を実行して，元の場所に復帰する必要があります。この命令には，NMIの状態を記憶するD-FFを初期化する機能も備えています。

7.6.2　INT

INT（interrupt）は，プログラム的に受付けを禁止できる割込み処理です。Z80 CPU では，機械語 EI を実行しておけば，この割込みを受け付けることができ，機械語 DI を実行しておけば，この割込みを受付禁止にできます。

Z80 CPU では，この割込みに対して，モード 0，1，2 の 3 種類の割込みを可能にしています。CPU をリセットしたときにはモード 0 となっていますが，IM 0，IM 1，IM 2 のいずれかの機械語を実行することで，モードを切り替えることができます。

モード 0 割込みは，CPU の INT 入力に対して割込み信号を送ったあと，CPU のデータバスを通じて外部装置から機械語 RST0 〜 RST7 のコードを送ることで実現します。この命令 RST は，現在まで実行していたプログラムの再開位置の番地を**スタックエリア**（stack area）と呼ばれるメモリの一時記憶領域に退避したのち，**表 7.2** に従った番地に実行を移します。なお，スタックエリアについては後述します。

表 7.2　モード 0 割込み

アセンブリ言語	機械語 2 進数	機械語 16 進数	実行番地
RST0	1100 0111	C7H	0000H
RST1	1100 1111	CFH	0008H
RST2	1101 0111	D7H	0010H
RST3	1101 1111	DFH	0018H
RST4	1110 0111	E7H	0020H
RST5	1110 1111	EFH	0028H
RST6	1111 0111	F7H	0030H
RST7	1111 1111	FFH	0038H

モード 1 割込みは，CPU の INT 入力に割込み信号が与えられたとき，強制的に RST7 を実行するモードであり，モード 0 を簡略化したものです。

モード 2 割込みは，より汎用な割込みであり，その内容は以下のとおりです。

CPU に対して割込みをかけようとする外部装置は，現在のコンピュータで

144　7. 小規模コンピュータの設計

もタイマやキーボード，ハードディスクなど多数あります．割込みをかける外部装置により，実行すべきプログラムは当然異なります．しかし，Z80 CPU にある割込み入力 $\overline{\text{INT}}$ は一つです．

モード2割込みでは，**図7.10** に示すとおり，外部機器から送られる複数の割込み信号を仲介する割込みコントローラを経由して，CPU の $\overline{\text{INT}}$ に信号を送る構成が必要となります．各割込みコントローラが CPU の $\overline{\text{INT}}$ に送る信号はオープンドレイン型の出力とし，外部にプルアップ抵抗を一つ付けておきます．

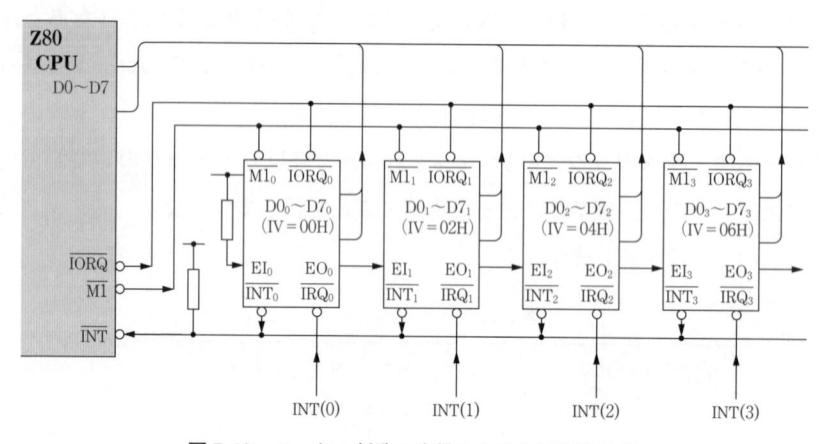

図7.10　モード2割込み取得のための回路構成例

割込みコントローラは，各外部機器からの割込み要求信号を受け付け，それぞれに INT(0) から INT(M) などの番号を振ります．そして，i 番目の機器から割込みを受けたとき，データバスを経由して i の最下位ビットに 0 を追加した 8 ビット長の数値を CPU に送ります（**図7.11**）．

各割込みコントローラがデータバスを通じて 8 ビットデータを出力する条件は，以下のとおりです．

$$\overline{\text{EI}_i} \cdot \overline{\text{IRO}_i} \cdot \overline{\text{MI}_i} \cdot \overline{\text{IORQ}_i} = \begin{cases} 1 \Rightarrow D0_i \sim D7_i \rightarrow D0 \sim D7 \\ 0 \Rightarrow D0_i \sim D0_i = \text{High-Z} \end{cases} \quad (7.6)$$

7.6 割込み処理

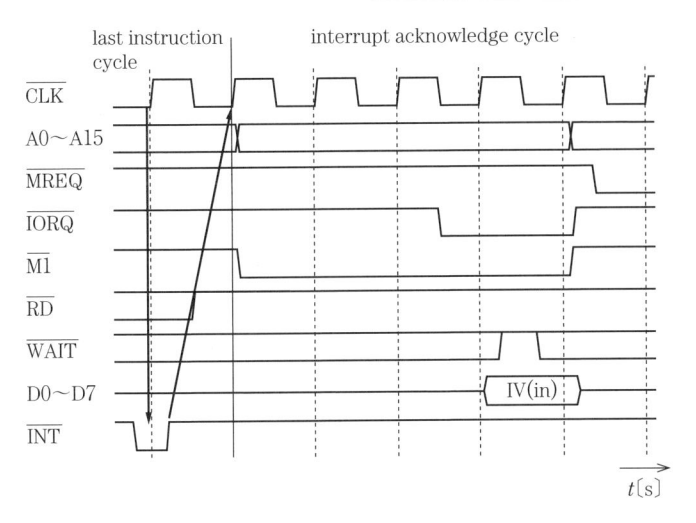

図7.11 モード2割込みの受理に関わるサイクル

すなわち，CPUに送るべきデータは，図7.11では，INT(0)の場合00Hを，INT(1)の場合02Hです。また，図7.11の場合，いずれかのI/Oポートに割込みコントローラを設置する構成ではないため，アドレスバスの情報は式(7.6)に入りません。

図7.10では，EI_0，EO_0，EI_1，EO_1 などの入出力ピンが直列に接続されています。これは割込みの優先順位を決めるもので，もしINT(0)が掛けられたとき EO_0 はLowとなる構造をしています。すなわち $EI_i = 1$(High)のときは i 番目の割込みは受理できるが，$EI_i = 0$(Low)のときは i 番目以降の割込みはすべて受理できない状態になります。

$$if\ EI_i = \begin{cases} 1：IRO_i\ \text{is acceptable.} \\ 0：IRO_i\ \text{is not acceptable.} \end{cases} \quad (7.7\,\text{a})$$

$$if\ EI_i = \begin{cases} 1：EO_i = 1 \\ 0：EO_i = 0 \end{cases} \quad (7.7\,\text{b})$$

$$if\ IRQ_i\ \text{accepted},\ EO_i = 0. \quad (7.7\,\text{c})$$

このように各回路を直列に接続し，優先順位を付与できる回路構成を**デイジーチェーン**（daisy chain）と呼びます。

7. 小規模コンピュータの設計

8ビットデータを受け取ったCPUは，CPU内部のIレジスタと結合し，さらに最下位ビットに0を追加して**図7.12**のような16ビット長データIJAを生成します。CPUはこのIJAとIJA+1とが示す番地のメモリの内容（8ビット二つ）を連続して読み込み，16ビットデータを獲得し，その16ビットデータが示すメモリの番地にジャンプして，プログラムを実行し始めます。

```
Z80 CPU 内        外部から送られた
Iレジスタ          割込みベクトル                        IJA    IJA+1
0 0 0 0 0 1 0 1   0 0 0 0 0 0 0 0   INT(0)の場合=>  0500H  0501H
0 0 0 0 0 1 0 1   0 0 0 0 0 0 1 0   INT(1)の場合=>  0502H  0503H
0 0 0 0 0 1 0 1   0 0 0 0 0 1 0 0   INT(2)の場合=>  0504H  0505H
0 0 0 0 0 1 0 1   0 0 0 0 0 1 1 0   INT(3)の場合=>  0506H  0507H
```

図7.12　Iレジスタと割込みベクトルから生成されるIJA

例えば，**図7.13**の条件であれば，INT(0)が外部からかかれば0500Hと0501H番地の内容34H，12Hが読み込まれ，1234H番地を先頭とするプログラムが実行されます。

INT(3)がかかれば，0506H番地と0507H番地のメモリが読み込まれ，56H，

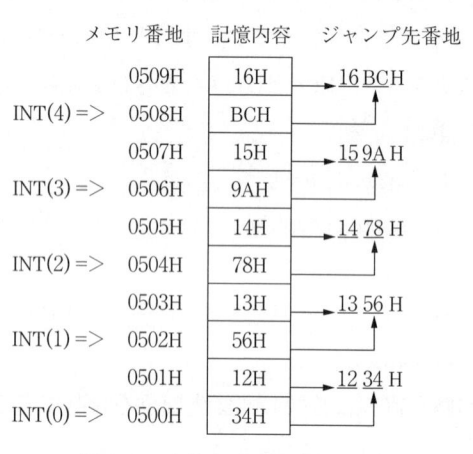

```
            メモリ番地  記憶内容  ジャンプ先番地
            0509H      16H    → 16BCH
INT(4) =>   0508H      BCH        ↑
            0507H      15H    → 159AH
INT(3) =>   0506H      9AH        ↑
            0505H      14H    → 1478H
INT(2) =>   0504H      78H        ↑
            0503H      13H    → 1356H
INT(1) =>   0502H      56H        ↑
            0501H      12H    → 1234H
INT(0) =>   0500H      34H        ↑
```

図7.13　割込みジャンプテーブル

7.6 割込み処理

13Hを得て，1356Hからのプログラムが実行されます。

このようにZ80 CPUでは，割込みコントローラから8ビット長データ（最下位ビットは0）が読み込まれ，割込みをかけた機器の番号が7ビット長データとして判別できるので，最大128個の外部機器から割込みを受け付けることができます。また，図7.12，図7.13に示すとおり，Iレジスタで開始番地が指定される合計256 Octのデータ群は，受け付けた割込み番号に従って実行すべきプログラムの先頭番地群が表になった状態になっており，**割込みジャンプテーブル**（interrupt jump table）と呼ばれています。

この割込みジャンプテーブルは，現在，C言語のような高級言語でも指定可能で，例えば

  void setvect（割込み番号，関数名）；   (7.8)

  void interrupt 関数名（void）；   (7.9)

という関数を用います。Z80 CPUではRETIという専用の機械語命令で割込みがかかった場所に戻る必要があるため，割込み時に実行したい関数は式(7.9)のようにinterrupt宣言をしておき，適切な機械語にコンパイルされるように配慮します。なお，式(7.9)の関数は，外部からの指示で起動される割込み処理であることから，何らかの引数を与えて実行することや，何らかの戻り値（返り値）を返すことはできません。

ここで，Z80 CPUやIntel社製CPUおよびその互換CPUは，メモリ1番地当りのデータ長は，現在でも8ビットです。このような構造のメモリで，例えば16ビットデータを記憶する場合，連続した2か所の番地のメモリを使ってデータを2分割して記憶します。このとき，記憶させたい16ビットデータの下位8ビットを先の番地のメモリに記憶し，上位8ビットデータをつぎの番地に記憶する方式を**リトルエンディアン**（little endian）と呼び，Intel社系のCPUで採用されています。これに対して，上位8ビットを先に記憶し下位8ビットをつぎの番地に記憶する方式を**ビッグエンディアン**（big endian）と呼び，モトローラ社系のCPUで採用されています。本書では，前者のリトルエンディアンを想定して解説を進めています。

7. 小規模コンピュータの設計

　また，外部の信号が CPU の $\overline{\text{NMI}}$ や $\overline{\text{INT}}$ に与えられて実行されたプログラムは，前述のように，RETN や RETI という特別な機械語命令で，元の場所に戻る必要があります。通常の関数プログラムの場合，呼ばれた元の場所に戻る機械語命令は Z80 CPU では RET を用います。

　割込み処理では，現在実行されているプログラムが強制的に中断され，指定されたプログラムの実行が始まります。CPU 内部には，**アキュムレータ**（accumulator）という処理の中心となるレジスタ（記憶装置）や，計算結果の状態などを記憶する**ステイタスレジスタ**（status register），または**フラグレジスタ**（flag register）などがあり，これらのレジスタ群は必ず利用することになります。ただし，割込み処理プログラムの実行前の状態を保存しておかなければ，元のプログラムに復帰したときに正しい処理が継続されません。

　いくつかの CPU では，割込みがかかり，割込み処理プログラムが実行されるとき，全自動で，中核的ないくつかのレジスタをスタックエリアというデータの退避場所に保存する機能を持っています。そのため，通常の関数の終了命令 RET 以外の機械語命令により割込み処理を終了させ，アキュムレータやステイタスレジスタをも元の状態に復元し，割込み処理実行前のプログラムに復帰する必要があると理解しておくべきです。なお，割込み処理プログラムの実行に当たって利用するレジスタを保存するという作業は，アセンブリ言語を使ってプログラム作成するときには，きわめて重要な条件となります。自動的にレジスタ群を保存しないタイプの CPU を利用するときには，十分な注意が必要です。

　さらに，現在よく利用されているパーソナルコンピュータでは，**PIC**（programmable interrupt controller）という装置により，IRQ0 〜 IRQ15 で表される 16 か所からの割込みを受け付けるように規格化されています。また，優先順位も設けられており，最優先が IRQ0 となっています。

7.7 DMA

メモリの 2000H 〜 200FH 番地の内容を 3000H 〜 300FH 番地にコピーするアセンブリ言語のプログラム例を**表7.3**に示します。CPU の機械語でデータをコピーする場合，番地を指定してアキュムレータに読み込み，ほかの番地にコピーする作業を行うしかありません。

表7.3 ブロックデータをコピーするプログラム例

番地	機械語	アセンブリ言語	機能	クロック数	
1000H	06H	LD B, 10H	B レジスタ（8 ビット長）に 10H を代入	7	
1001H	10H				
1002H	11H	LD DE, 2000H	DE レジスタ（16 ビット長）に 2000H を代入	10	27
1003H	00H				
1004H	20H				
1005H	21H	LD HL, 3000H	HL レジスタ（16 ビット長）に 3000H を代入	10	
1006H	00H				
1007H	30H				
1008H	1AH	LD A, (DE)	DE レジスタが示す番地のメモリの内容を，アキュムレータ A に読込む	7	
1009H	77H	LD (HL), A	アキュムレータ A の内容を，HL レジスタが示す番地のメモリに書込む	7	
100AH	13H	INC DE	DE ← DE + 1	6	
100BH	23H	INC HL	HL ← HL + 1	6	40
100CH	05H	DEC B	B ← B − 1	4	
100DH	C2H	JP NZ, 1008H	直前の計算（DEC B）の計算結果が零でなければ（NZ : Not Zero），1008H 番地の機械語にジャンプする。計算結果が零ならばつぎの 1010H 番地を実行	10	
100EH	08H				
100FH	10H				
1010H	76H	HALT	CPU を停止	4	4

一つのデータ（8 ビット長）のコピーに必要な処理時間は，同表のように，番地指定の準備に 27 クロック，データのコピーに 40 クロックを必要としています。もし，システムクロックが 4 MHz であれば，平均的なデータ伝送速度は，200 kOct/s と見積もられています。

7. 小規模コンピュータの設計

データの移動やコピーはしばしば行う作業なので，高速で実行できることが望ましいが，機械語による実現では，データのコピー時間に機械語のフェッチサイクルなどが必ず入るので，大量のデータコピー/移動には多くの時間を必要とします。このことは，I/Oポートから入力されたデータをメモリに順次格納したり，その逆の作業を行ったりする場合も同様です。

そのほか，ハードディスクやDVDドライブからのデータ転送，高速通信線へのデータ伝送などでは，CPUの機械語命令によるデータ転送では速度が間に合わない場合もあります。

メモリ間のデータコピー，あるいはI/Oポートとメモリ間のデータコピーを専門に実行するLSIを，**DMA**（direct memory access）**コントローラ**と呼びます。

Z80 CPUとDMAコントローラとの接続回路の概要を**図7.14**に示します。同図のようにDMAコントローラも，$\overline{\text{BAI}}$（bus acknowledge in）と$\overline{\text{BAO}}$（bus

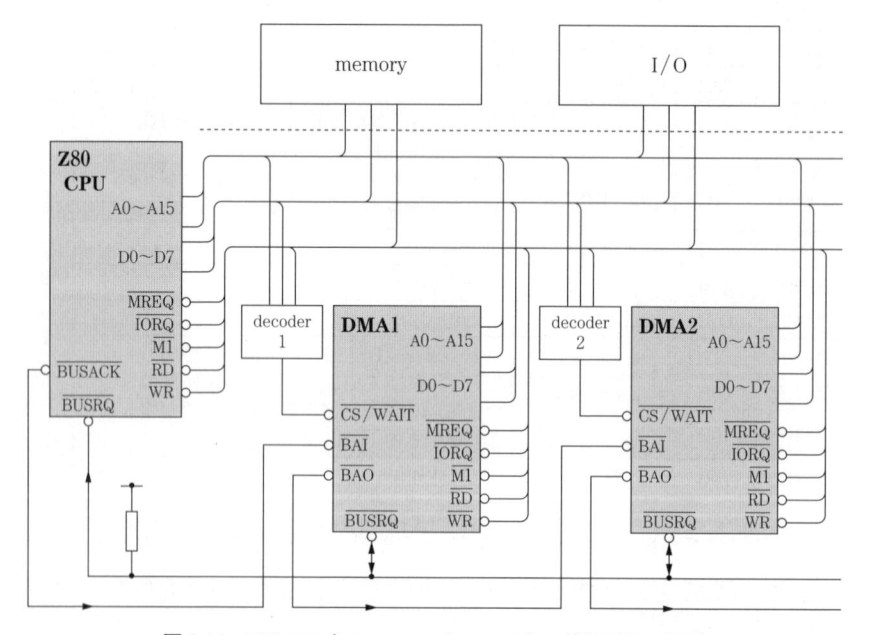

図7.14　Z80 CPUとDMAコントローラとの接続回路の概要

7.7 DMA

acknowledge out）を連結することによりデイジーチェーン構成が可能であり，複数のDMAコントローラを使うことができます。

DMAコントローラにもアドレスバス，データバス，システム制御信号群があり，CPUの同信号にそれぞれ接続されています。CPUがそれらの信号線を利用するときには，DMAコントローラ側のアドレスバス，データバスなどはHigh-Z状態になっています。DMAコントローラ自体は，CPUのI/Oポートのある番地に接続する一種のI/O機器です。そのI/Oポートを通じて，データコピーの送信元と送信先情報，およびそれらの番地情報などを指示し，データコピーの実行指示を行います。

DMAコントローラが動作を開始すると，DMAコントローラはCPUのBUSRQ（およびほかのDMAコントローラ）に対して信号を送り，アドレスバス，データバス，システム制御信号をHigh-Z状態にして受け渡すよう要求を出します。CPUが各種信号を受け渡す準備ができたならば，CPUはBUSACK信号をDMAコントローラに送り，DMAが事前に指示されたデータコピーを実行します。データコピーが終了したら，BUSRQを元の状態に戻し，アドレスバスなどをCPUの制御に戻し，作業を終了します。

DMAによるデータ伝送は，システムクロックが4 MHzの場合，約1 MOct/sから最速で2 MOct/sと見積もられており，CPUの機械語によるデータ伝送の5〜10倍の速度を実現できます。ただし，DMAコントローラには，I/Oポートを通じてデータコピーの要領を設定する必要があり，それにはいくつものI/Oライトサイクルが必要になります。また，BUSRQによるアドレスバスなどの解放・復元にも数クロックを要するので，DMAによる少ないデータコピーはメリットがありません。

DMAの大きな特徴は，CPUがメモリ，I/Oポートなどに行う作業のすべてを止めて，データコピーを高速で行うことにあります。特に，Z80 CPUでは，CPU内部にキャッシュメモリを持たないため，DMAがデータコピーを実行しているときには，CPUのすべての処理が止まることになります。

7.8 その他の留意点

これまで Z80 CPU を例にとり，メモリ，I/O 機器の接続，割込み，DMA の構成方法について解説しました．このほか，CPU を中心とした回路構成の留意点について説明します．

7.8.1 電　　源

CPU を動作させるに当たって，電源および接地との接続は重要です．製品に組み込まれている CPU は，その各ピンははんだ付けされていることもあるが，汎用コンピュータでは往々にしてソケットを通じて基板に取り付けられています．ソケットと CPU の各ピンとの接続は，非常に小さな「点」で接続されることになり，大きな電流を流すのには無理があります．ソケットの接点は，接地抵抗を低下させるとともに接地抵抗増加の原因である腐食を防ぐために，金メッキがなされています．CPU を取り付ける際，金メッキ部分を含め，直接，接点に触り，皮脂が付くことは接触抵抗の増加および腐食の原因になるので，十二分に注意すべきです．

Z80 CPU の消費電力は 0.1 W 未満であったため，電源ピンは一つ（11 番ピン），接地ピンも一つ（29 番ピン）で済んでいました．それに対し，現在の CPU の消費電力は 40 〜 130 W となっているため，電源ピンおよび接地ピンだけで数十本用意され，十分な電流を供給できるようにしています．

一方，現在の汎用コンピュータに用いられる電源ユニットでは，3.3 V 電圧で 40 〜 50 A の電流を得ることができますが，その利用には十分な注意が必要です．例えば，消費電力が 120 W の CPU に 3.3 V の電圧が与えられるとすると，流れ込む直流電流は概算で約 36 A（= 120 W/3.3 V）にも及びます．そのときの CPU の内部抵抗はおよそ 0.09 Ω（= 3.3 V/36 A）となります．もし，かりに，電源ユニットから CPU までの配線に合計 0.009 Ω 程度の接触抵抗あるいは銅線などの抵抗が生じた場合，CPU に配線が到達するまでに 10 % 程度

の電圧降下が発生することになります。

　長期に利用しているコンピュータでは，各種電源配線のコネクタで金メッキがなされていない部分の腐食が進むこともあり，不具合の原因の一つです．大電流を消費する回路は，接触抵抗や配線自体の抵抗は無視できない要因になることを再認識すべきです．

7.8.2 リセット

　CPU を完全に初期化する入力ピンとしてリセット（RESET）入力があります．Z80 CPU では 26 番ピンにあります．Z80 CPU では，Active Low の RESET 入力に対してシステムクロックにして3クロック長以上の時間の Low パルスが与えられることで，CPU 内のあらゆる機能が初期化されます．このことは，CPU に電源が投入されるときも同様であり，電源が投入されることで自動的にリセットがかかるわけではありません．すなわち，電源投入時には自動的に，システムクロック3クロック以上の Low パルスを発生する回路が必要です．また，CPU の処理が機能しなくなったときにも，意図的に Low パルスを送ることでリセットできるよう回路設計すべきです．

　最も簡単なリセット信号発生回路を**図 7.15** に示します．回路は，抵抗とコンデンサとの時定数により電源電圧の立上りを遅らせ，電源投入時にも一定時間 Low となるようにしたもので，**パワーオンリセット回路**（power-on resetting circuit）と呼ばれています．

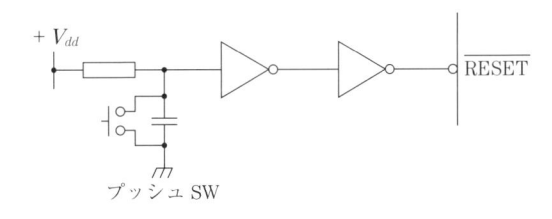

図 7.15　パワーオンリセット回路

　一方，Z80 CPU の場合，リセットがかかると，メモリの 0000H 番地から順次データが読み出され，機械語として認識され実行されます．したがって，電

源投入時を含め，0000H番地周辺にはあらかじめ機械語コードが記録されている必要があり，必然的にROMを配置すべき番地が決まります．どこの番地から実行されるかは，CPUによってさまざまなので，CPUの仕様に合わせ，ROMの配置を検討すべきです．

7.8.3　安定動作に必要な抵抗，コンデンサ

1章からこれまで，ディジタル回路に関する解説を行ってきました．その中の何か所かで抵抗，コンデンサの利用の必要性に触れてきました．

例えば，論理素子の入力をHighに固定する抵抗を**プルアップ抵抗**（pull-up resistance）と呼びます（**図7.16**）．この抵抗は，入力をHighに安定させるだけでなく，この入力に対してほかの論理回路からの出力が与えられる可能性があるときにもHigh，Lowに変化できるものになり，CMOS回路では通常10 kΩ前後の抵抗を用います．ただし，完全にHighに安定させるだけであれば，抵抗を付けずに電源に直結させてもよいとも考えられます．もし電源に直結させて正常動作するのであれば，部品点数を減らすためにも，直結させるべきかもしれません．しかしながら，通常コンピュータ関係に利用するスイッチング電源は，かなり改善されているとはいえ少なからずノイズが乗っており，そのノイズで誤動作する可能性もわずかにあります．ノイズ電圧を論理素子の入力インピーダンスとプルアップ抵抗とで分圧して低下させる意味でも，可能であればプルアップ抵抗は有効です．

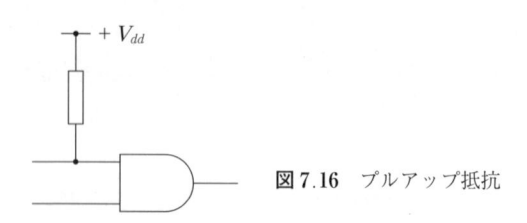

図7.16　プルアップ抵抗

また，利用する抵抗としては，安価な炭素被膜抵抗（カーボン抵抗）や金属皮膜抵抗，メタルグレース抵抗（リード線を持たないチップ抵抗（**図7.17**））

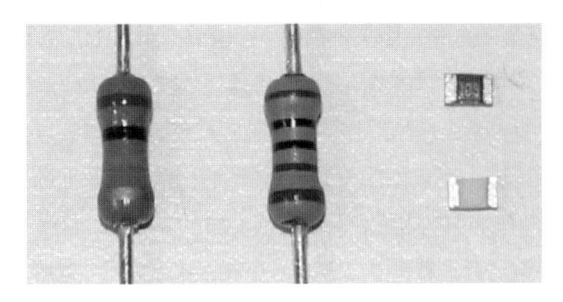

図 7.17 各種抵抗（左からカーボン抵抗，金属皮膜抵抗，チップ抵抗（表裏））

など数多くあります。実験的に利用する抵抗としてはカーボン抵抗が一般的かもしれませんが，ノイズが発生しやすく周波数特性も良好ではないので，近年のコンピュータ部品としては利用されていません。

また，コンデンサについては，直流電源を安定させるためによく用いられる素子で，コンピュータのメインボード上にはさまざまなコンデンサが数多く設置されています。特に，DRAM にデータを読み書きするときなどは，非常に微妙な電圧の変化に基づいて動作させるため，RAM の電源安定化は重要な実装技術になります。ただし，通常利用できるコンデンサは，純粋なコンデンサといえるものはなく，**図 7.18** に示す等価回路を持つものになります。同図の各抵抗，リード線に伴うコイルの要素はコンデンサの種類によって異なり，およそ**図 7.19** のような周波数特性を持っています。

高い周波数まで比較的理想的なコンデンサの特性を有しているのは**積層セラ**

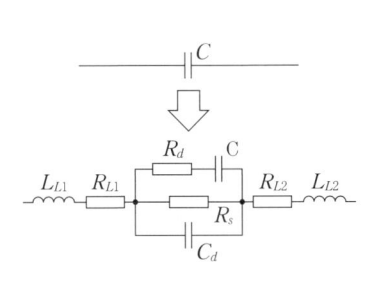

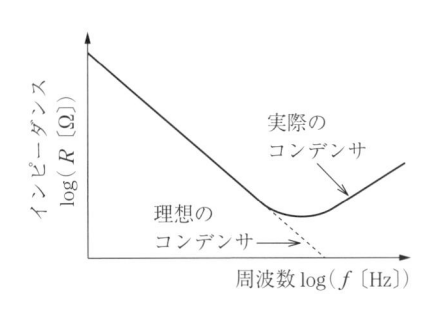

図 7.18 実際のコンデンサの等価回路例　　図 7.19 実際のコンデンサの周波数特性（概形）

ミックコンデンサであり（**図7.20**中央），CPU や DRAM，各種 LSI の電源ピンに非常に近い位置に設置することで，各種 IC の電源電圧安定に貢献します。積層セラミックコンデンサは，単体で容量を大きくとることはできません（数 pF 〜 1 μF 程度）が，チップ抵抗のように小型化されリード線を持たないものもあるので，コンピュータ部品には適しています。また，メインボード全体に関わる電源の安定には，容量が大きくとれることもあり，電解コンデンサ（図 7.20 左）が用いられます（数 μF 〜 0.1F 程度）。

図7.20 各種コンデンサ（左から電解コンデンサ，積層セラミックコンデンサ，タンタルチップコンデンサ（表裏））

コンピュータの安定動作には，抵抗，コンデンサのような受動素子が欠かせません。しかし，電解コンデンサやチップ抵抗などの故障寿命は論理 IC のそれよりも短い製品もあります。受動素子の選択もシステム全体の寿命を決める重要な要素になります。

7.9　CPU 内部のレジスタと機能

CPU 内部には，さまざまな**レジスタ**（register，一時記憶装置）が存在し，計算やメモリの番地指定などを行っています。レジスタ構成は CPU によってさまざまであり，また現在では，多機能な**汎用レジスタ**（general register）が多数用意されている傾向がありますが，ここではレジスタごとに機能が比較的

限定されていた Z80 CPU のレジスタを中心に解説します。

7.9.1 アキュムレータとデータレジスタ

アキュムレータ（accumulator）は，あらゆる計算に関与するレジスタであり，Z80 CPU では，A Register または Acc とも表記する特別なレジスタです。Z80 では，CPU 内の演算に関わる回路は，このアキュムレータを中心に設計されています。

また，**データレジスタ**（data register）は，アキュムレータに保存されている計算結果を一時的に保存したり，アキュムレータとの計算に用いる汎用のレジスタであり，Z80 CPU では，B，C，D，E，H，L Register の 6 種類があります（**図 7.21**）。これらの利用した命令の一例を**表 7.4** に示します。

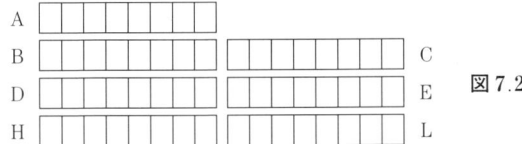

図 7.21 Z80 CPU の 8 ビット長レジスタ群

表 7.4 8 ビット長レジスタを利用した命令例

（a） データのコピー命令（一例）

LD r1, r2	r1 ← r2	データのコピー
LD r, n	r ← n	定数 n をレジスタ r に代入
LD A, (ad)	A ← (ad)	直接アドレッシング メモリ ad 番地の内容を A レジスタに読込み
LD (ad), A	(ad) ← A	A レジスタの内容をメモリ ad 番地に書込み

r, r1, r2 : A, B, C, D, E, H, L

（b） 算術演算（一例）

ADD A, s	A ← A + s	加算
INC s	s ← s + 1	1 を加算
SUB s	A ← A − s	減算
DEC s	s ← s − 1	1 を減算
NEG	A ← − A	負数（2 の補数表現）

（c） 論理演算（一例）

AND s	A ← A and s	ビットごとに論理積
OR s	A ← A or s	ビットごとに論理和
XOR s	A ← A xor s	ビットごとに排他的論理和
CPL	A ← not A	ビットごとに反転

s : r, n, (HL), (IX + d), (IY + d)

7. 小規模コンピュータの設計

これらのレジスタは，Z80 CPU ではそれぞれ 8 ビット長であり，データのコピー，算術演算，論理演算はアキュムレータを中心に 8 ビット単位で行われます。なお，Z80 CPU では，H, L レジスタを連結した 16 ビット長の HL レジスタを中心にして，16 ビット長の加減算も可能です。

現在の 64 ビット CPU では，これらのレジスタは 64 ビット長となりますが，演算の内容に従って，32 ビット長，16 ビット長および 8 ビット長での演算もできるように構成されています。

7.9.2 インデックスレジスタ

メモリの番地を指定し，その番地の内容をアキュムレータに読み込む作業をする方式には，機械語内で番地を直接指定してアクセスする**直接アドレッシング方式**（direct addressing system）と，番地を記憶するレジスタを用い，そのレジスタの内容が指し示す番地をアクセスする**間接アドレッシング方式**（indirect addressing system）とがあります。

直接アドレッシング方式では，アクセスしたい番地情報が機械語として記録される必要があるので，比較的長い機械語になりやすく，また機械語命令としても汎用性に乏しくなります。

間接アドレッシング方式では，機械語が短く，番地を指定するレジスタの内容を変更することでほかの番地をアクセスできるので，有効な場合が多くなります。

このメモリの番地情報を記憶するレジスタが，**インデックスレジスタ**（index register）です。インデックスレジスタは，Z80 CPU では，IX, IY の二つが用意されていますが，データレジスタを二つ連結して（例えば，BC, DE, HL）

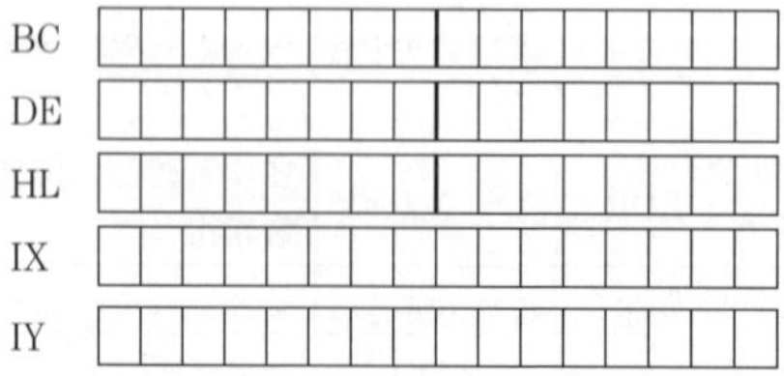

図 7.22　Z80 CPU の 16 ビット長レジスタ，インデックスレジスタ

アドレスバスと同じビット数である16ビット長にし，番地指定することも可能です（**図7.22**）。また，IX，IYでは，定数dを加算したうえで番地指定することも可能となっており，C言語などの配列変数の先頭番地の記憶に適しています。利用例を**表7.5**に示します。

表7.5 インデックスレジスタを利用した命令例（表7.4にも利用例を示している）

データのコピー命令（一例）

LD r, (id)	r ← (id)	間接アドレッシング レジスタidが記憶しているメモリアドレスの内容をレジスタrに読込み
LD (id), r	(id) ← r	レジスタrの内容をレジスタidが記憶しているメモリアドレスに書込み
LD dd, n_2n_1	$dd_{low8bit}$ ← n_1, $dd_{high8bit}$ ← n_2	レジスタddに定数n2n1を代入
LD dd, (ad)	$dd_{low8bit}$ ← (ad), $dd_{high8bit}$ ← (ad+1)	メモリad番地，ad+1番地の内容をレジスタddに読込み
LD (ad), dd	(ad) ← $dd_{low8bit}$, (ad+1) ← $dd_{high8bit}$	レジスタddの内容をメモリad番地，ad+1番地に書込み

id：BC, DE, HL, IX+d, IY+d レジスタ（dは定数）
dd：BC, DE, HL, SP, IX, IY

7.9.3 プログラムカウンタ

プログラムカウンタ（program counter，PC）は，現在，機械語を実行しているメモリの番地を指し示すレジスタです。このレジスタの動きの一例を**表7.6**

表7.6 プログラムカウンタの動き

番地	機械語	アセンブリ言語	PCの動き	処理内容
0FFFH	01H	（データ）		
1000H	3AH	LD A, (0FFEH)	PC ← PC+1	
1001H	FEH		PC ← PC+1	A ← 1
1002H	0FH		PC ← PC+1	
1003H	3DH	DEC A	PC ← PC+1	A ← A-1 => A=0
1004H	F2H	JP P, 1003H	PC ← PC+1	
1005H	03H		PC ← PC+1	
1006H	10H		PC ← PC+1	A>=0 なので PC ← 1003H
1007H	76H	HALT		

PCの動き	処理内容
PC ← PC+1	A ← A-1 => A=-1
PC ← PC+1	
PC ← PC+1	
	A<0 なので PC ← PC+1
	stop

に示します。プログラムカウンタのビット長は，原則として，アドレスバスのビット数と同数であり，Z80 CPU の場合 16 ビット長となります。

表 7.6 のように，機械語が実行されるごとに，プログラムカウンタの内容には 1 が自動的に加算され，つぎの番地の命令が実行されていきます。また，ジャンプ命令（JP）では，機械語内に記述されたジャンプすべき番地がプログラムカウンタに与えられ，実行番地を大きく変更できます。ジャンプ命令には，図のようにジャンプすべき番地が機械語命令として与えられる場合と，現在の実行位置に対する相対的な差分を加えてジャンプ（Z80 では JR 命令）する場合とがあるため，プログラムカウンタは演算機能を伴う必要があります。

7.9.4 ステイタスレジスタ

Z80 CPU では，8 ビットどうしの加減算命令が機械語で用意されていますが，この機械語を使って 16 ビット長や 32 ビット長のデータを加減算する場合には，桁上がりや桁下がりの情報が必要となります。あるいは加減算の結果が正の場合，負の場合，あるいは零の場合，非零の場合，異なった作業を行う条件判断の必要もしばしば発生します。このような演算の結果の情報をビット単位で記憶するものが**ステイタスレジスタ**（status register）です。Z80 CPU のステイタスレジスタの構成を**図 7.23** に示します。

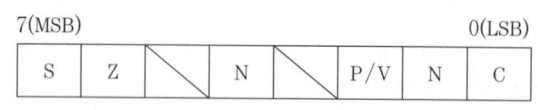

7(MSB)							0(LSB)
S	Z		N		P/V	N	C

S : sign flag
Z : zero flag
N : add / sub flag
P/V : parity / overflow flag
C : carry / borrow flag

図 7.23 Z80 CPU のステイタスレジスタ（F レジスタ）の構成

carry / borrow flag（C）は，加減算のときの桁上がり，桁下がりおよびシフト命令などで押し出されたビットの情報が入ります。half carry は，8 ビット

演算時の下から3ビット目から4ビット目への桁上がり，桁下がりを示しています。add/sub flag（N）は，1桁ごとの演算を行ったときに生じる演算誤差の補正を行うためのフラグです。詳細はZ80 CPUのテクニカルマニュアルを参照してください。

parity/overflow flag（P/V）は，加減算時に発生し得る桁あふれの有無を示しています。zero flag（Z）は，直前の演算結果が零か否かを示し，sign flag（S）は，直前の演算結果が正（零を含む）か負かを示しています。

表7.6に用いられているような**条件付きジャンプ命令**（JP P, 番地：直前の演算結果が正ならばジャンプ）は，このステイタスレジスタの状態に基づいて実行されます。このステイタスレジスタは，直前に行われた演算結果の状況を表しており，さらに以前の演算の状況はすぐに破棄されることになります。

これらステイタスレジスタの内容は，指定された演算が実行されることで変更されます。LD命令でデータをコピーしただけでは変更されないことに注意が必要です。

7.9.5 スタックポインタ

アキュムレータや各種レジスタなどに記憶されているデータを一時的にメモリに保存するときには，そのデータを保存するメモリの番地を指定して，その場所に書き込む必要があります。しかし，メモリの保存場所の番地をプログラマが意図して指定することは，あらかじめ保存したいデータの数がわからなければ，どの程度の領域を保存場所として確保してよいか特定できません。さらに，データの一時的な保存場所は，プログラムの運用上，必要な場合と不要な場合とが発生しやすく，メモリの有効利用の観点で運用が難しくなります。

また，プログラムが実行中に外部装置から割込みがかかったとき，事前に指定された割込み処理プログラムが実行されることになりますが，その割込み処理プログラムが終了したら，実行中だった元の実行位置に戻る必要があります。このことは一般の関数（サブルーチン）を実行し，終了後には元の位置に戻る場合と同じです。

機械語の実行番地は，前述のプログラムカウンタが指し示す番地です。割込み処理を含む関数が終了し戻るべき実行位置は，割込みを受け付けたときにプログラムカウンタが示していた番地，あるいは関数呼出しをした番地に1を加算した番地となりますが，関数が実行される直前に，そのプログラムカウンタ情報が保存されなければ，元の位置に戻ることができません。

これらの問題の解決法としては，データを保存すべきメモリの番地を自動的に割り振り，利用時には，番地を指定せずにデータをメモリに保存する仕組みがあればよいでしょう。このように，保存すべき番地の指定を自動的に行うのが**スタックポインタ**（stack pointer）です。スタックポインタはメモリの番地を表すので，Z80 CPUでは16ビット長のレジスタです。

メインルーチンで関数を呼び出したときのスタックポインタの動作を**図7.24**に示します。同図のように，実行していた番地（200BH）に1を加算したプログラムカウンタの内容が，スタックポインタSPが指し示すSP-1，SP-2の番地に保存されたのち，関数の先頭番地（1500H）へジャンプします。Z80 CPUでは，プログラムカウンタは16ビット長であり，メモリ1番地は8ビット長なので，スタックポインタは番地を一つずつ減らしながら，プログラムカウンタの上位8ビット，下位8ビットをそれぞれメモリに保存します。また，関数が終了し，機械語のRETが実行されると，スタックポインタSPの内容に1が順次加算されながらメモリが読み込まれ，復帰番地の下位8ビット，上位8ビットが呼び出され，プログラムカウンタにセットされて，戻るべき実行位置（200CH）にジャンプします。

また，スタックポインタによる情報の一時記憶は，各種データレジスタの保存にもしばしば適用されます。図7.24のプログラムでは，関数実行開始直後に各レジスタの内容が保存（PUSH命令）され，復帰直前に内容を復元（POP命令）しています。なお，スタックポインタを利用した記憶は，最後に記憶させたデータが最初に取り出されることになります。このような構成の記憶装置を**LIFO**（last in first out）**型**と呼びます。

さらに，**図7.25**には，プログラム内各変数の記憶位置（ポインタ）を表示

番地	機械語	アセンブリ言語	動作	記憶内容 SP	A	B	C
:	:	:	(PC ← 2000H)	*	*	*	*
2000H	31H	LD SP, 1500H	PC ← PC+1	*			
2001H	00H		PC ← PC+1	*			
2002H	15H		SP ← 1500H	1500H			
			PC ← PC+1				
2003H	3EH	LD A, 01H	PC ← PC+1				
2004H	01H		A ← 01H		01H		
			PC ← PC+1				
2005H	06H	LD B, 02H	PC ← PC+1				
2006H	02H		B ← 02H			02H	
			PC ← PC+1				
2007H	0EH	LD C, 03H	PC ← PC+1				
2008H	03H		C ← 03H				03H
			PC ← PC+1				
2009H	CDH	CALL 1500H	PC ← PC+1				
200AH	00H		PC ← PC+1				
200BH	15H		SP ← SP−1	14FFH			
			(SP) ← 20H				
			SP ← SP−1	14FEH			
			(SP) ← 0CH				
			PC ← 1500H				
200CH	3CH	INC A	A ← A+1	1500H	02H	02H	03H
			PC ← PC+1				
200DH	04H	INC B	B ← B+1			03H	
			PC ← PC+1				
200EH	0CH	INC C	C ← C+1				04H
			PC ← PC+1				

スタックエリアの記憶内容

アドレス	状況	内容
14FAH	C Reg. の内容	03H
14FBH	B Reg. の内容	02H
14FCH	F Reg. の内容	**
14FDH	A Reg. の内容	01H
14FEH	戻り番地の下位 8 ビット	0CH
14FFH	戻り番地の上位 8 ビット	20H
1500H	関数の先頭番地	F5H

番地	機械語	アセンブリ言語	動作	記憶内容 SP	A	B	C
1500H	F5H	PUSH AF	SP ← SP−1	14FDH	01H	02H	03H
			(SP) ← A				
			SP ← SP−1	14FCH			
			(SP) ← F				
			PC ← PC+1				
1501H	C5H	PUSH BC	SP ← SP−1	14FBH			
			(SP) ← B				
			SP ← SP−1	14FAH			
			(SP) ← C				
			PC ← PC+1				
1502H	3EH	LD A,FFH	PC ← PC+1				
1503H	FFH		A ← FFH		FFH		
			PC ← PC+1				
1504H	06H	LD B,EEH	PC ← PC+1				
1505H	EEH		B ← EEH			EEH	
			PC ← PC+1				
1506H	0EH	LD C,DDH	PC ← PC+1				
1507H	DDH		C ← DDH				DDH
			PC ← PC+1				
:	:	:	:				
1522H	C1H	POP BC	C ← (SP)				03H
			SP ← SP + 1	14FBH			
			B ← (SP)			02H	
			SP ← SP + 1	14FCH			
			PC ← PC+1				
1523H	F1H	POP AF	F ← (SP)				
			SP ← SP + 1	14FDH			
			A ← (SP)		01H		
			SP ← SP + 1	14FEH			
			PC ← PC+1				
1524H	C9H	RET	PCL ← (SP)				
			SP ← SP + 1	14FFH			
			PCH ← (SP)				
			SP ← SP + 1	1500H			
			PC ← PCH, PCL				

図 7.24 関数呼出し時のスタックポインタの動作

164   7. 小規模コンピュータの設計

```
#include <stdio.h>
int A;
void sub1(int a, int b,int *e)
{
        int c;
        static int d;
        printf("sub1 内変数情報 ¥n");
        printf(" 変数 a：内容 =%d、%p 番地 ¥n",a,&a);
        printf(" 変数 b：内容 =%d、%p 番地 ¥n",b,&b);
        printf(" ポインタ変数 e：内容 =%p,¥n   %p 番地 , %p 番地の内容 =%d¥n",e,&e,e,*e);
        *e=a+b;
        printf(" 変数 c：%p 番地 ¥n",&c);
        printf(" 変数 d：%p 番地 ¥n",&d);
}
void sub2(int i, int j)
{
        static int k;
        int m;
        printf("sub2 内変数情報 ¥n");
        printf(" 変数 i：%p 番地 ¥n",&i);
        printf(" 変数 j：%p 番地 ¥n",&j);
        printf(" 変数 k：%p 番地 ¥n",&k);
        printf(" 変数 m：%p 番地 ¥n",&m);
}
int main(void)
{
        int s,ans;
        static int t;
        s=1; t=2; ans=0;
        printf("main 内変数情報 ¥n");
        printf(" 変数 A：%p 番地 ¥n",&A);
        printf(" 変数 s：内容 =%d、%p 番地 ¥n",s,&s);
        printf(" 変数 t：内容 =%d、%p 番地 ¥n",t,&t);
        printf(" 変数 ans：内容 =%d、%p 番地 ¥n",ans,&ans);
        sub1(s,t,&ans);
        printf("main 内変数情報 ¥n");
        printf(" 変数 ans：内容 =%d、%p 番地 ¥n",ans,&ans);
        sub2(t,s);
        return (0);
}
```

図 7.25 プログラム内各変数の記憶位置（ポインタ）を表示する C 言語プログラム例

する C 言語プログラム例を，実行結果例を**図 7.26** に示しています．同図のプログラムは，Windows7（64 ビット版）の Visual Studio（Win32 コンソールアプリケーションモード）で作成，実行したものであり，ポインタ情報は 16 進数 8 桁で表されます．変数の記憶位置であるポインタの表示は，画面表示関数 printf の中の書式で % p を用いることで表示可能です．また，変数のポインタ情報は，変数の前に＆マークをつけることで引き出すことができます．なお，

7.9 CPU 内部のレジスタと機能

```
main 内変数情報
  変数 A：00EB7144 番地
  変数 s：内容 =1, 002DFC1C 番地
  変数 t：内容 =2, 00EB7138 番地
  変数 ans：内容 =0, 002DFC10 番地
sub1 内変数情報
  変数 a：内容 =1, 002DFB34 番地
  変数 b：内容 =2, 002DFB38 番地
  ポインタ変数 e：内容 =002DFC10,
    002DFB3C 番地, 002DFC10 番地の内容 =0
  変数 c：002DFB24 番地
  変数 d：00EB7140 番地
main 内変数情報
  変数 ans：内容 =3, 002DFC10 番地
sub2 内変数情報
  変数 i：002DFB38 番地
  変数 j：002DFB3C 番地
  変数 k：00EB713C 番地
  変数 m：002DFB28 番地
```

図 7.26 C 言語変数の記憶位置検出（実行結果例）

表示される変数のポインタ情報は，プログラムを実行するごとに変化します。

同プログラムの実行結果例を見ると

○関数の外で定義される**グローバル変数**（global variable）と，各関数内で static 宣言された静的な**ローカル変数**（local variable）は，メモリの後半に常設配置されています[†]。

○その他の変数は**ダイナミック変数**（dynamic variable）と呼ばれるものであり，必要なときのみ，メモリ前方のスタックエリアに確保されています。

○関数 sub1 内の変数 a，b，e，c は，関数 sub1 が実行中のみ必要になるダイナミック変数である。したがって，関数 sub1 の処理が終了し sub2 が実行されたとき，sub2 内の変数は，sub1 内の変数と同じメモリ領域が利用されており，メモリの有効活用がなされていることがわかります。

なお，スタックポインタは，利用するごとにメモリの前方の番地に向かって変更されるということです。スタックポインタの初期値より後方の番地には，

[†] OS のメモリ管理の関係上，実行プログラムのメモリ位置とスタックエリアのメモリ位置関係は，逆転する場合もあり得ます。

しばしば実行したい機械語プログラム本体が保存されています。したがって，スタックポインタの初期値は，利用予定のメモリ量を考慮したうえで設定される必要があります (図7.27)。

```
後方番地 ┌─┐
        ├─┤ ← ほかの利用領域または空き領域
        ├─┤
        ├─┤ ← (実行プログラム内の
        ├─┤    静的変数の記憶位置)
        ├─┤
        ├─┤ ← 実行プログラム領域
        ├─┤
        ├─┤
        ├─┤ ← スタックポインタの初期値
        ├─┤
        ├─┤ ← スタックエリア
        ├─┤    (実行プログラムの動的変数の記憶位置)
        ├─┤
前方番地 └─┘ ← ほかの利用領域
```

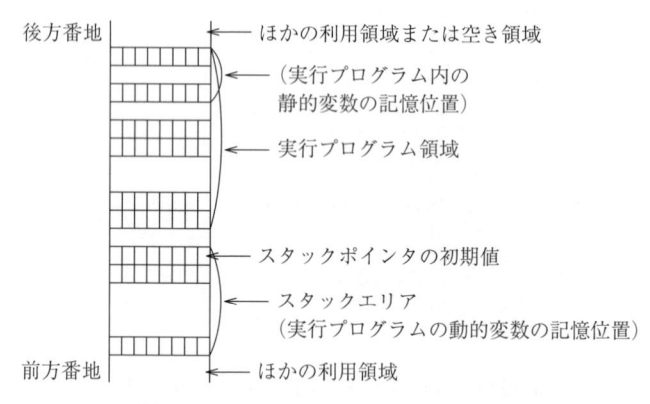

図7.27 スタックエリアなどのメモリ配置

また，図7.25におけるポインタの表示状況や記憶情報を見ると，以下に示すC言語の本質的な特長を見ることができます。mainで関数sub1, sub2を呼び出すとき

○main内の変数s, t, ansのメモリ上の記憶位置と，関数sub1内の変数a, b, eあるいは関数sub2内の変数i, jの記憶位置とは，それぞれ異なった位置のメモリが確保されており，main内各変数が記憶している数値のみが各関数の変数にコピーされて引き渡されています。これがC言語における関数利用の原則である"Call by Value"の特徴であり，各関数とそれを呼び出す側の (mainを含む) 関数との独立性を高めています。

○mainにおいて関数sub1を呼び出すとき，変数ansのポインタ情報 (すなわちメモリの番地情報) が数値の形で渡されており，関数sub1ではポインタ情報がポインタ変数eに記憶されています。ポインタ変数自体も，通常の変数と同様に，メモリ上に配置される変数の一種であり，記憶する数値はメモリの番地を表しています。

○関数sub1内のポインタ変数eは，main内の変数ansの記憶位置 (ポイン

タ）情報を記憶しており，そのポインタ変数の記憶内容が指し示す番地の中（*e）にa+bの演算結果を代入することで，main内の変数ansの内容を書き換えています．このようにして，Call by Value の原則を持つ C 言語において，関数からそれを呼び出したmainに対する「数値」の受渡しを実現しています．

7.9.6 セグメントレジスタ

セグメントレジスタ（segment register）は，インテル社が開発した最初の 16 ビット CPU である 8086 に導入されたレジスタです．8086 では，アセンブリ言語のソースプログラムレベルでインテル社製 8 ビット CPU と互換性を保ちながら，アドレスバスの本数が 20 本に増え，メモリが 1 MOct（$= 2^{20}$）まで搭載できるようになりました．

先に述べた直接アドレッシングを伴う機械語命令では，機械語の中にメモリの番地を表す数値を盛り込む必要があるため，メモリ量の増加はアセンブリ言語内の番地情報の変更を伴うことになります．すでに作成されているプログラムを大きく変更せずに 16 ビット CPU で実行するために追加されたのがセグメントレジスタです．その利用の様子を**図 7.28** に示す．

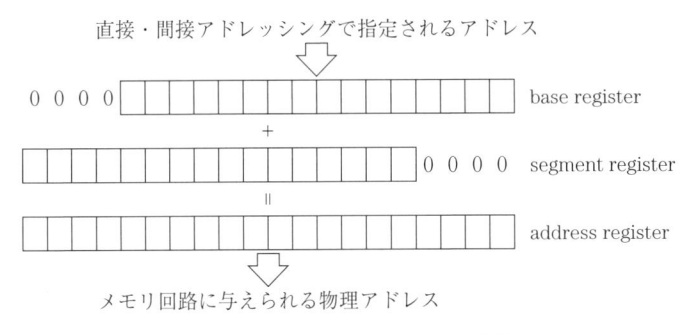

図 7.28 セグメントレジスタの効果

同図に示す**ベースレジスタ**（base register）は，機械語コードにも記録する 16 ビット長の番地情報です．このベースレジスタに対して 4 ビットずらした位置に加算するのがセグメントレジスタです．実際にアクセスするメモリの物

理的な番地は，ベースレジスタとセグメントレジスタとを加算した20ビット長の**アドレスレジスタ**（address register）で表されることになります。この方式では，セグメントレジスタをオペレーティングシステムで設定すれば，8ビットCPU用に開発されたプログラムも大きな改良なしで実行できることになります。

なお，8086では，セグメントレジスタは4種類用意されており，機械語プログラム本体を保存するメモリ領域のセグメントアドレスを表す**CS**（code segment），データ用のメモリ領域のセグメントアドレスを表す**DS**（data segment），スタックエリアのメモリ領域のセグメントアドレスを表す**SS**（stack segment），その他汎用のセグメントアドレスである**ES**（extra segment）などが用意されています。ただし，ベースアドレスは16ビット長となるため，一つのプログラム，または一つのデータ用メモリエリアなどの最大値は，それぞれ64 kOctとなっていました。

現在の32ビットCPUでも，セグメントレジスタは機能を拡張して残っています。

7.10 組込みCPUとFPGA

現在，身の回りにあるエアコン，冷蔵庫，電子レンジなどの家電製品やゲーム機，スマートフォン，タブレットなどの機能は高度であり，プログラム制御でその機能を実現しています。

本章では，Z80 CPUを中心としたCPU回路の設計について解説しました。Z80 CPUは現在でも利用可能であり，これまで作成した多くのプログラム資産を生かすことができます。しかし，本書で取り上げた原型のZ80を各種機器の制御を行うCPUとして利用するのには，現在では問題があります。その一つは，CPU，DMA，割込みコントローラ，メモリ（ROM，RAM），各種I/O機器をさまざまなICを利用して構成することとなり，システムとしての部品の点数が増加して回路の規模が大きくなり，高価なものになりやすいというこ

7.10 組込みCPUとFPGA

とです。このような問題を解決するために開発されているのが，**組込みCPU**（embedded CPU）と呼ばれる製品です。

組込みCPUは，各メーカから数多くの種類が提供されており，必要な機能のレベルに合わせて4ビットCPU，8ビットCPU，16ビットCPU，32ビットCPU，64ビットCPUが選択可能です。しかも，組込みCPUでは，一つのICチップ内に小規模なPROM，RAM，割込みコントローラ，数チャネルのDMA，数十ビットの入出力（I/O）ポート，各種タイマ回路が内蔵されています。また，小規模な液晶ディスプレイを表示するための表示回路，アナログ信号の入出力を行うA-D，D-A変換器，**PWM**（pulse width modulation）制御用回路などが内蔵されているものもあり，組込みCPUとちょっとした増幅器があればすぐに製品化可能なものもあります。さらには，コンピュータネットワークやハードディスクのインタフェース，PCIのようなローカルバスを実現する回路を内蔵し，またCPUコアも複数持つような組込みCPUもあります。このような組込みCPUには，Linuxのような汎用OSをも移植できるシステムを構築できるものもあり，ディジタルビデオレコーダやディジタルテレビなどの製品開発に寄与しています。なお，Z80 CPUの機械語と互換性があり，メモリや各種I/O機器が1チップに内蔵されたCPUも開発されており，現在ではZ80も組込みCPUの一種として分類されています。

このような組込みCPUは，一部特化された機能があり，それぞれのテクニカルマニュアルを熟読して利用する必要があります。しかし，本章に示したCPUの基本動作を原則と考えてマニュアルを読めばよく，例えば組込みCPUに外部装置を追加したい場合には，ICチップから出力されているアドレスバス，データバス，システム制御信号の機能を見きわめ，同様のコンセプトに従って回路設計すればよいでしょう。また，組込みCPUの中には**FPGA**（field programable gate array）を内蔵したものもあり，外部へのインタフェースをカスタマイズすることも可能になっています。

その一方，FPGAメーカからは，FPGAチップ内にCPUの機能を実現するマクロプログラムが提供されており，CPUの機能自体を完全に自分で設計す

ることも可能です。FPGAは，きわめて多くの論理素子をプログラマブルに利用できるLSIであり，これをVHDLやVerilogなどの**HDL**（hardware discription langage，ハードウェア記述言語）やSystem-C，Impulse-CなどのC言語で記述することで，必要な大規模論理回路を設計できます。その論理回路により同期順序回路を設計すれば，簡易なCPUから本格的なCPUまでも実現できます。

組込みCPUは，多種多様なものを用意する形で，ニーズに対応してきました。しかし，FPGAは内部に記述する回路が書換え可能であり，多様なCPU構成および必要なインタフェース設計および改良が可能になります。今後に期待される存在であることは間違いありません。

付　　　　録

A. 2 進数と演算

　1 章で説明したとおり，ディジタル回路では，入力/出力の電圧に対して，電源電圧 V_{dd} 〔V〕と接地電圧 0 V の二つの電圧のみを扱う方向で設計されます。ここで，電源電圧 V_{dd} 〔V〕の状態を 1，接地電圧 0 V の状態を 0 と表せば，ディジタル回路の動作は 1 か 0 かのみを扱う 2 進数，または 2 値論理で表現できます。コンピュータにおいて，その内部の情報がすべて 2 進数で表現されるのは，このようなことが理由になります。

　理論的には，V_{dd}〔V〕と 0 V との中間の電圧を一つ加えて考える 3 値論理や，さらに中間的な値を加えて考える多値論理も検討されていて，これが回路により実現されれば，2 値論理による回路よりも多くの情報量を扱えることになります。実際，現在普及の著しいフラッシュメモリでは，3 値論理，4 値論理により情報が記憶できるようになっています。しかし，論理回路のすべてを多値論理で安定して動作させる回路を実現することは依然として難しく，実用化にまだ時間がかかるようです。

　ここでは，日常的に私たちが利用している 10 進数と 2 進数との比較をし，さらに 2 進数の四則演算をもとにして，2 進数による考え方とハードウェアを想定した考え方を示します。

A.1　2 進数と 10 進数

　私たちが日ごろ利用している数値表現は，10 になったら 1 桁増える 10 進数です。2 進数は 2 になったら 1 桁増える数値です。まず，10 進数と 2 進数とをたがいに変換する方法について確認しておきます。

　例えば，14 という 10 進数を 2 進数に変換する様子を**図 A.1** に示します。

　同図のように，元の 10 進数を 2 で割り，余りを求め，商が 2 未満になるまで繰り返します。そして，① から ④ の方向に並べ，得られた 1110 が，14 を示す 2 進数となります。

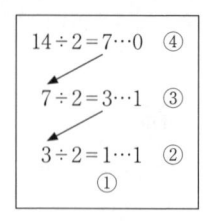

```
14÷2=7…0   ④
      ↙
7÷2=3…1    ③
     ↙
3÷2=1…1    ②
        ①
```

図 A.1　10進数を2進数に変換

このような手順になる根拠を示します。

10進数をAとし，それを表す2進数を仮に4桁の $b_3b_2b_1b_0$ とします。図A.1の例であれば，A=14, $b_3=1$, $b_2=1$, $b_1=1$, $b_0=0$ となります。これらA, b_3, b_2, b_1, b_0 の関係は

$$A = b_3 \cdot 2^3 + b_2 \cdot 2^2 + b_1 \cdot 2^1 + b_0 \cdot 2^0 \tag{A.1}$$

となります。Aは式 (A.1) の右辺のように表されるので，図 A.2 に示すように処理していけば，b_0, b_1, b_2, b_3 が順次計算されます。

$$(b_3 \cdot 2^3 + b_2 \cdot 2^2 + b_1 \cdot 2^1 + b_0 \cdot 2^0) \div 2 = (b_3 \cdot 2^2 + b_2 \cdot 2^1 + b_1 \cdot 2^0) \cdots b_0$$

$$(b_3 \cdot 2^2 + b_2 \cdot 2^1 + b_1 \cdot 2^0) \div 2 = (b_3 \cdot 2^1 + b_2 \cdot 2^0) \cdots b_1$$

$$(b_3 \cdot 2^1 + b_2 \cdot 2^0) \div 2 = b_3 \cdots b_2$$

図 A.2　2進数への変換の一般化

また，2進数を10進数に変換するのであれば，やはり式 (A.1) の右辺に0, 1を代入して計算します。2進数1110を式 (A.1) に代入すれば

$$1 \cdot 2^3 + 1 \cdot 2^2 + 1 \cdot 2^1 + 0 \cdot 2^0 = 8 + 4 + 2 + 0 = 14$$

として14が得られます。

同じ原理で，10進数の123を10進数のままで式 (A.1) のように表現するなら

$$123 = 1 \cdot 10^2 + 2 \cdot 10^1 + 3 \cdot 10^0 \tag{A.2}$$

であり，1は100（$=10^2$）の桁の数値，2は10（$=10^1$）の桁の数値，3は1（$=10^0$）の桁の数値を表現しています。各桁が10のべき乗の数値を表すのが10進数です。2進数では，これが2のべき乗の数値で表すだけです。

このほか，コンピュータでは8進数，16進数も使う機会があります。8進数は2進数3桁を，また16進数は2進数4桁をまとめたもので，桁数が増えやすい2進数をまとめた表現となっていますが，考え方の基本はここで示した2進数，10進数とまったく変わりません。

A.2 2進数による数値表現

式 (A.1) に示したとおり，数値を 2 進数で表現することは簡単です．しかし，私たちが実際に扱う数値は，正の数値だけではなく負の数値もあるはずですが，負の数値は式 (A.1) では表現できません．2 進数の世界，すなわちコンピュータの世界では，定義によって負数を表現しています．表現の方法には 2 種類あります．

・1 の補数表現

いま，数値を 8 ビットで表現するとします．この 8 ビットで 10 進数の 14 を表すと，00001110 となります．1 の補数表現で −14 を作る場合，+14 を表す 2 進数を，ビットごとに反転します（0 なら 1，1 なら 0）（図 A.3）．すなわち，11110001 を −14 と定義します．

```
+14  ⇒  0 0 0 0 1 1 1 0
        ↕ ↕ ↕ ↕ ↕ ↕ ↕ ↕
        1 1 1 1 0 0 0 1  ⇒  −14
```

図 A.3　1 の補数表現による正負の変換

この方式により表現できる数値の範囲は，8 ビット長の 2 進数であれば，+127（= 01111111）から −127（= 10000000）となります（表 A.1）．この方法は，ビットごと

表 A.1　8 ビット 2 進数で表現できる数値幅

2 進数	10 進数 1 の補数	10 進数 2 の補数
0 1 1 1 1 1 1 1	+127	+127
0 1 1 1 1 1 1 0	+126	+126
0 1 1 1 1 1 0 1	+125	+125
⋮	⋮	⋮
0 0 0 0 0 0 1 1	+3	+3
0 0 0 0 0 0 1 0	+2	+2
0 0 0 0 0 0 0 1	+1	+1
0 0 0 0 0 0 0 0	0	0
1 1 1 1 1 1 1 1	−0	−1
1 1 1 1 1 1 1 0	−1	−2
1 1 1 1 1 1 0 1	−2	−3
⋮	⋮	⋮
1 0 0 0 0 0 1 0	−125	−126
1 0 0 0 0 0 0 1	−126	−127
1 0 0 0 0 0 0 0	−127	−128

に反転するという単純な作業なので便利ですが，一つだけ問題があります。

10進数の0を2進数にすれば00000000となりますが，これを1の補数表現で反転してしまうと11111111となり-0という数値ができてしまいます。これは現実的には扱う必要のない数値ですので注意が必要です。

・2の補数表現

この方式は，-0という無用な数値を生んでしまう1の補数表現の問題を解決したものです。この方式で-14を定義する様子を**図A**.4に示します。同図のように，1の補数表現と同様にビットごとに反転したのち，1を加えています。

```
+14 ⇒  0 0 0 0 1 1 1 0
       ↓ ↓ ↓ ↓ ↓ ↓ ↓ ↓
       1 1 1 1 0 0 0 1
   +                 1
       ─────────────────
       1 1 1 1 0 0 1 0  ⇒  -14
       ↓ ↓ ↓ ↓ ↓ ↓ ↓ ↓
       0 0 0 0 1 1 0 1
   +                 1
       ─────────────────
       0 0 0 0 1 1 1 0  ⇒  +14
```

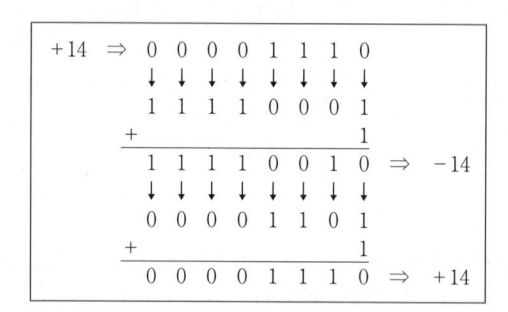

図A.4　2の補数表現による正負の変換

この方式により表現できる数値の範囲は，8ビット長の2進数であれば，+127（＝01111111）から-128（＝10000000）となります。-127は01111111を反転し10000000としたのち1を加えますので10000001になり，これよりも一つ小さい-128までを表現できます（表A.1）。

この方式で00000000を正負反転しますと，**図A**.5のようになります。

```
0 ⇒  0 0 0 0 0 0 0 0
     ↓ ↓ ↓ ↓ ↓ ↓ ↓ ↓
     1 1 1 1 1 1 1 1
 +                 1
     ─────────────────
   1 0 0 0 0 0 0 0 0  ⇒  0
```

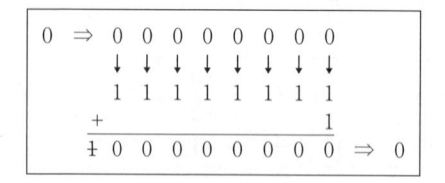

図A.5　2の補数表現では0は0に戻る

演算上9ビット目に桁上がりがありますが，9ビット目は記憶しないので，10進数の0（＝00000000）を正負反転すれば，やはり0（＝00000000）に戻ります。現在のコンピュータでは，この方式により正負の整数が表現されています。

・符号ビット

表A.1をよく見ますと，1の補数表現および2の補数表現で共通することは，表現している2進数の最上位ビットが0のときは正数，1のときは負数となることです。

したがって，最上位ビットの数値を見るだけで2進数の正負の判断ができることから，この最上位ビットを**符号ビット**（sign binary digit）と呼びます。

A.3　2進数による加算

ここでは2進数どうしの加算について確認していきます。2進数は0または1しかありませんので，これらの数字による二項演算は**図A.6**のように4種類しかありません。ただし，同図のように，2進数の1+1の計算結果は10となり，上位の桁に一つ繰上がりが発生します。したがって，複数の桁からなる2進数の加算を計算する場合には，下からの桁上がりも考慮して，下から2ビット目以上の桁は三項演算で考える必要があります（**図A.7**）。これを踏まえて，10進数の7+5を2進数で実行する様子を**図A.8**に示します。2進数による答えは1100，すなわち12となります。

```
0 + 0 = 0 → 0 0
0 + 1 = 1 → 0 1
1 + 0 = 1 → 0 1
1 + 1 =   → 1 0
```

図A.6　1ビットどうしの加算

```
0 + 0 + 0 = 0 0
0 + 0 + 1 = 0 1
0 + 1 + 0 = 0 1
0 + 1 + 1 = 1 0
1 + 0 + 0 = 0 1
1 + 0 + 1 = 1 0
1 + 1 + 0 = 1 0
1 + 1 + 1 = 1 1
```

図A.7　下の桁からの繰上がりを考慮した加算

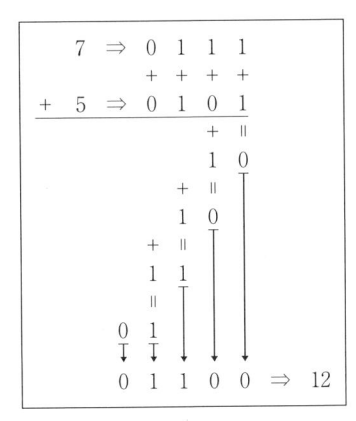

図A.8　7+5を2進数で加算する様子

ここで，以下の二つの要件を確認します。複数の桁からなる2進数による加算を実行するには

① 　下の桁からの桁上がりがあり得ない最下位の桁は，二項演算により加算を実行します。

② 　下から2桁目以上の桁では，三項演算により加算を実行します。

論理回路により加算回路を実現する場合には，これらのことが重要になります。

一方，負の整数を含めた加算について考えてみます。現在のコンピュータでは，2

の補数表現で負の整数を扱っています。そこで7と−5をそれぞれ8ビット長で表し，7+(−5)を実行する様子を図A.9に示します。実行する要領は正数の加算とまったく同じ要領とします。

```
  7 ⇒        0 0 0 0 0 1 1 1
 -5 ⇒  +    1 1 1 1 1 0 1 1
                          1 0
                        1 1
                      1 0
                    1 0
                  1 0
                1 0
            ± 1 0
              0
            1 0 0 0 0 0 0 1 0  ⇒ 2
```

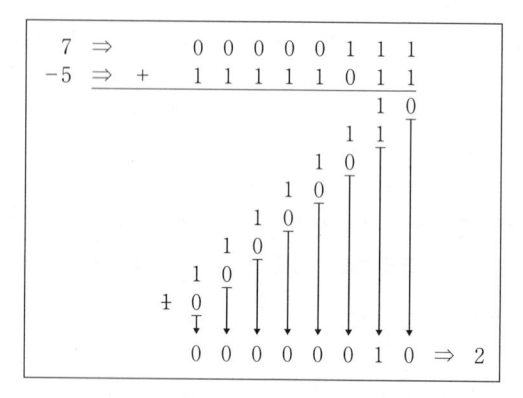

図A.9　7+(−5)を実行する様子

同図を見てわかるように，9ビット目に1が発生しますが，現在は8ビットで数値を表すとしていますのでこれを切り捨てれば，答えは00000010となり，10進数の2という正答が得られます。すなわち，2の補数表現を用いて負数を表現すれば，値の正負によらず加算が実現できますし，事実上減算も実現できます。

A.4　2進数による減算

減算を実現する方法としては，前節でも示したとおり，負数に変換して加算するという手段もありますが，ここでは2進数どうしの減算について確認していきます。

2進数1桁どうしの減算の様子を図A.10に示します。同図の右辺の下の桁を見ると，図A.6に示す加算の下の桁と同じであることがわかります。違いは，引くほうの数が大きい0−1を実現するとき，上の桁から1を借りる必要が生じるという点です。すなわち下から2ビット目以上の桁では，三つの項目からなる演算になります（図A.11）。

例として，図A.12に，5−15を2進数8桁で実行した様子を示します。同図(a)のポイントでは，最下位の桁のみで済みますが，同図(b)では，0から1が引けず，上の1桁を含めた10から1を引く作業になります。さらに，同図(c)では，000000から1を引く必要が生じます。このとき9ビット目に借りのビット1を置いて計算し，答えが負数になるようにします。同図(d)，(e)は，たまたまではありますが1桁ずつ減算できる処理となっています。これらの結果，減算の答えは11110110と

A. 2 進数と演算   177

```
0 - 0 = 0 → 0 0
0 - 1 = 1 → 1̄ 1
1 - 0 = 1 → 0 1
1̄ - 1 = 0 → 0 0
1̄は上の桁から1の借り
```

図 A.10 1桁どうしの減算

```
0 - 0 - 0 = 0 0
0 - 0 - 1 = 1 1
0 - 1 - 0 = 1 1
0 - 1 - 1 = 1 0
1 - 0 - 0 = 0 1
1 - 0 - 1 = 0 0
1 - 1 - 0 = 0 0
1 - 1 - 1 = 1 1
```

図 A.11 下の桁からの借りを考慮した減算

```
  5 ⇒     0 0 0 0 0 1 0 1
 15 ⇒  -  0 0 0 0 1 1 1 1
          0 0 0 0 0 1 0 0 (a)
          ↓ ↓ ↓ ↓ ↓ ↓
            0 0 0 0 0 1 0
          - 0 0 0 0 1 1 1
            0 0 0 0 0 0 1̄ (b)
          ↓ ↓ ↓ ↓ ↓ ↓
              1̄ 0 0 0 0 0
            - 0 0 0 0 1 1
              1 1 1 1 1 (c)
            ↓ ↓ ↓ ↓ ↓
                1 1 1 1 1
              - 0 0 0 0 1
                1 1 1 1 0 (d)
              ↓ ↓ ↓ ↓
                  1 1 1 1
                  0 0 0 0
                  1 1 1 1 (e)
          1 1 1 1 0 1 1 0 ⇒ -10
```

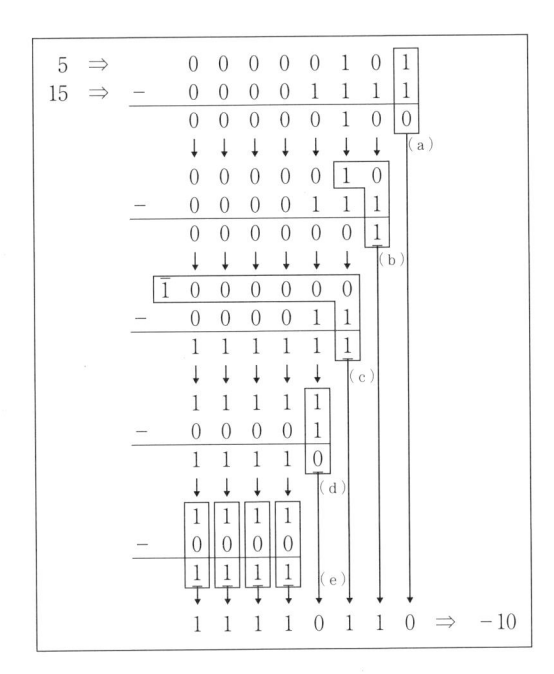

図 A.12 5-15 を2進数8桁で実行した様子

なり，(反転して1を加え00001010とすればわかるとおり) -10 という正答が得られます．

A.5 2進数による乗算

2進数による乗算は，加減算と大きく異なる部分があります．例えば2進数4ビットで表すことができる最大の数1111は10進数で15ですが，15×15の計算をすると答えは225になり，この数を2進数で表現するには少なくとも8ビット必要になります．前節に示した8ビットどうしの加減算は，答えもおよそ8ビットで表せました

が，乗算では，乗数のビット数と被乗数のビット数を加えたビット数で答えを表すのが原則になります。

図A.13に，10進数の11×26の計算を2進数で実行する様子を示します。処理の行程としては，乗数である26の2進数の最下位の桁から見ていき，乗数の2進数が0であれば被乗数を0倍し，1であれば被乗数を1倍して答えに加算します。乗数の上のビットを処理する過程で被乗数を上位に1ビットずつ左にシフトして加算していけば，解答が得られます。

```
  11 ⇒       0 0 0 0 1 0 1 1
  26 ⇒   ×  0 0 0 1 1 0 1 0
              0 0 0 0 0 0 0 0
            0 0 0 0 1 0 1 1
          0 0 0 0 0 0 0 0
        0 0 0 0 1 0 1 1
      0 0 0 0 1 0 1 1
    0 0 0 0 0 0 0 0
  0 0 0 0 0 0 0 0
+ 0 0 0 0 0 0 0 0
  0 0 0 0 0 0 1 0 0 0 1 1 1 1 0  ⇒  286
```

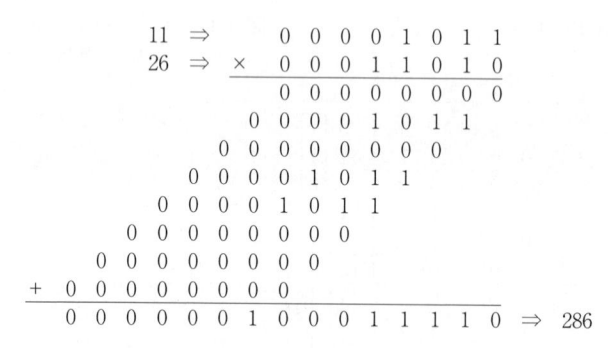

図A.13 11×26を2進数で実行した様子

つぎに，負数を交えた乗算について考えます。**図A.14**には図A.13と同じ要領で11×−26を処理する様子を示していますが，正答が得られていません。このほか−11×26，−11×−26のすべてについてやっても正答は得られません。その原因は，負数を8ビットの2の補数で表現してしまったことにあります。この場合，乗算の解答を16ビットで表しますので，乗数および被乗数の両方とも16ビットで表してから乗算をし，得られた答えの下位16ビットを採用すれば，正答が得られます（**図A.15**）。要するに，図A.14の例では正の2進数の0000000011100110すなわち10進

```
   11 ⇒       0 0 0 0 1 0 1 1
  −26 ⇒   ×  1 1 1 0 0 1 1 0
              0 0 0 0 0 0 0 0
            0 0 0 0 1 0 1 1
          0 0 0 0 1 0 1 1
        0 0 0 0 0 0 0 0
      0 0 0 0 0 0 0 0
    0 0 0 0 1 0 1 1
  0 0 0 0 1 0 1 1
+ 0 0 0 0 1 0 1 1
  0 0 0 1 0 0 1 1 1 1 0 0 0 1 0  ⇒  2530?
```

図A.14 図A.13と同じ要領で11×−26を実行した様子

A. 2 進 数 と 演 算

```
       11 ⇒      0 0 0 0 0 0 0 0 0 0 0 1 0 1 1
      -26 ⇒    × 1 1 1 1 1 1 1 1 1 1 1 0 0 1 1 0
                 0 0 0 0 0 0 0 0 0 0 0 0 0 0 0 0
                 0 0 0 0 0 0 0 0 0 0 0 1 0 1 1
                 0 0 0 0 0 0 0 0 0 0 1 0 1 1
                 0 0 0 0 0 0 0 0 0 0 0 0 0 0
                 0 0 0 0 0 0 0 0 0 0 0 0 0
                 0 0 0 0 0 0 0 0 0 1 0 1 1
                 0 0 0 0 0 0 0 0 1 0 1 1
                 0 0 0 0 0 0 0 1 0 1 1
                 0 0 0 0 0 0 1 0 1 1
                 0 0 0 0 0 1 0 1 1
                 0 0 0 0 1 0 1 1
                 0 0 0 1 0 1 1
                 0 0 1 0 1 1
                 0 1 0 1 1
              +  1 0 1 1
    ────────────────────────────────────────────
       θθθθθθθθθθ±θ±θ 1 1 1 1 1 1 1 0 1 1 1 0 0 0 1 0 ⇒ -286
```

図 A.15 乗数，被乗数を 16 ビットに拡張して乗算した様子

数の 230 と 11 とを乗算してしまったわけです。

一方，乗算について，もし乗数が 2 のべき乗の数値の場合には，ビットシフトという手段があります。その様子を**図 A.16** に示します。

```
   11   ⇒ 0 0 0 0 1 0 1 1
          ↙ ↙ ↙ ↙ ↙ ↙ ↙
   11×2 ⇒ 0 0 0 1 0 1 1 0 ⇒  22
          ↙ ↙ ↙ ↙ ↙ ↙
   11×4 ⇒ 0 0 1 0 1 1 0 0 ⇒  44

   -11  ⇒ 1 1 1 1 0 1 0 1
          ↙ ↙ ↙ ↙ ↙ ↙ ↙
  -11×2 ⇒ 1 1 1 0 1 0 1 0 ⇒ -22         図 A.16 左ビットシフトによる
          ↙ ↙ ↙ ↙ ↙ ↙                              2 のべき乗の乗算
  -11×4 ⇒ 1 1 0 1 0 1 0 0 ⇒ -44
```

もし，被乗数を 2 倍したければ，左に 1 ビットシフト，4 倍したければ 2 ビットシフトして，下位ビットに 0 を追加することで，乗算が可能です。要するに 2^x 倍したければ，左に x ビットシフトで完了です。もちろん，ビットシフトすることで最上位ビットの符号ビットが変わってしまったり，桁があふれてしまった場合には，正答は得られません。

・**符号の拡張**：正負の値の乗算では，8 ビットで表された数字を 16 ビットに拡張

する作業を伴いました。乗算の行程を示す図 A.16 を見てもわかるとおり，8 ビットで表される数の最上位ビットが 0 ならば，上位に追加する 8 ビットはすべて 0 に，最上位ビットが 1 ならば上位 8 ビットをすべて 1 にすることで，数値の符号を変えることなくビット長の拡張が成立します。これは以前説明したとおり，最上位ビットが符号ビットであり正負を示すものであるためです。

A.6 2 進数による除算

2 進数どうしの除算について確認します。26÷5 を実行する処理の要領を**図 A.17**に示します。これまでと同様にして，除数，被除数はもともと 8 ビット長で表すものとしていますが，同図を見てもわかるとおり，除算を進めるために，除数は 8 ビットのまま，被除数は 15 ビットに拡張します。解答は 8 ビットで得られます。

```
26 ⇒ 0 0 0 1 1 0 1 0
 5 ⇒ 0 0 0 0 0 1 0 1
                                    0 0 0 0 0 1 0 1
         0 0 0 0 0 1 0 1 ) 0 0 0 0 0 0 0 0 0 0 1 1 0 1 0
                         × 0 0 0 0 0 1 0 1
                          × 0 0 0 0 0 1 0 1
    引ければ○            × 0 0 0 0 0 1 0 1
    引けなければ×          × 0 0 0 0 0 1 0 1
                              × 0 0 0 0 0 1 0 1
                               ○ 0 0 0 0 0 1 0 1
                                 0 0 0 0 0 1 1 0
                                × 0 0 0 0 0 1 0 1
                                 ○ 0 0 0 0 0 1 0 1
                                   0 0 0 0 0 0 0 1 (余り)
```

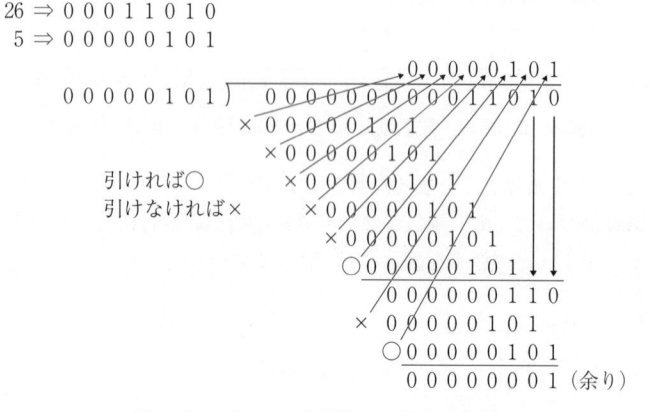

図 A.17 26÷5 を 2 進数で実行する様子

処理の仕方は，まず，15 ビットに拡張された被除数の上位 8 ビットから除数を引いてみます。引けなかったら 0，引けたら 1 として商を保存します。被除数は，除数が引けなかったらそのまま，除数が引けたなら差し引いた値をつぎから使っていきます。

図 A.17 の例では，最初の 5 回は被除数から除数を引くことができないので，商は 00000 となっています。6 回目になると，被除数は 00000110 となり除数 00000101 を引くことができますので商には 1 を立て，それ以降，引き算の結果である 00000001 を利用します。

つぎの回では 00000011 から除数は引けないので 0，最後に被除数が 00000110 となった時除数が 1 回引けますので商は 1 となり，処理は完了です。

ここまでの処理であれば，余りは1として出てきますが，もし小数点以下の商まで必要な場合には，被除数の下位の桁に0を付け続け，同様の処理をすれば商が得られます．

加減算や乗算と異なり，除算は被除数から除数が引けた場合と引けなかった場合とで，処理が変わることになり，小規模な回路で構築することはかなり困難をきわめます．できれば避けたい処理になります．

また，乗算の場合と同様に，もし除数が2のべき乗の数値の場合には，ビットシフトによって除算が可能です（**図A.18**）．もし除数が2^xであれば，被乗数を右にxビットシフトすることで，商が得られます．

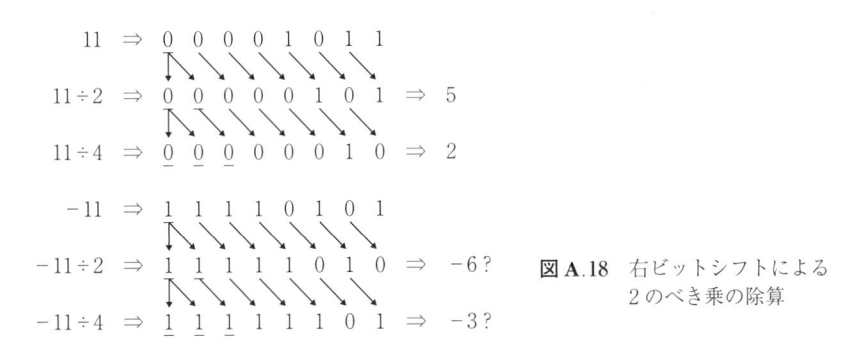

$$
\begin{aligned}
11 &\Rightarrow 0\ 0\ 0\ 0\ 1\ 0\ 1\ 1 \\
11 \div 2 &\Rightarrow 0\ 0\ 0\ 0\ 0\ 1\ 0\ 1 \Rightarrow 5 \\
11 \div 4 &\Rightarrow 0\ 0\ 0\ 0\ 0\ 0\ 1\ 0 \Rightarrow 2 \\
-11 &\Rightarrow 1\ 1\ 1\ 1\ 0\ 1\ 0\ 1 \\
-11 \div 2 &\Rightarrow 1\ 1\ 1\ 1\ 1\ 0\ 1\ 0 \Rightarrow -6? \\
-11 \div 4 &\Rightarrow 1\ 1\ 1\ 1\ 1\ 1\ 0\ 1 \Rightarrow -3?
\end{aligned}
$$

図A.18 右ビットシフトによる2のべき乗の除算

右ビットシフトによる除算では，負数も扱うことができますが，2点ほど注意が必要です．

一点目は，符号の拡張で示したとおり，被除数の最上位ビットが0（すなわち正数）なら最上位ビットには0を追加して右シフトし，被除数の最上位ビットが1（すなわち負数）なら最上位ビットには1を追加して右シフトする必要があります．

もう一点は，図A.18を見てもわかるように，$-11 \div 2$の答えは-6，$-11 \div 4$の答えは-3になり，除算の正答とはそれぞれ1だけずれています．右ビットシフトにより除算の正答が得られるのは正数だけであり，負数の場合には$+1$だけ補正が必要です．

B. 2進数で実数を扱う

ここまでの解説で扱ってきた数値は整数のみですが，コンピュータの処理では，当然のように実数も扱います．まず，2進数で実数を表現する要領について解説します．

B.1 2進数での小数表現

私たちが日常使っている10進数でA=123.45を例にとると、これは

$$A = 1 \cdot 10^2 + 2 \cdot 10^1 + 3 \cdot 10^0 + 4 \cdot 10^{-1} + 5 \cdot 10^{-2} \tag{B.1}$$

で表されています。すなわち、小数点以下1桁目の4は10^{-1}（=0.1）の桁、2桁目の5は10^{-2}（=0.01）の桁となります。

2進数においても考え方は同様です。実数Aを2進数で表すには、

$$A = b_3 \cdot 2^3 + b_2 \cdot 2^2 + b_1 \cdot 2^1 + b_0 \cdot 2^0 + b_{-1} \cdot 2^{-1} + b_{-2} \cdot 2^{-2} + b_{-3} \cdot 2^{-3} + b_{-4} \cdot 2^{-4} \tag{B.2}$$

とし、$b_3 b_3 b_1 b_0 . b_{-1} b_{-2} b_{-3} b_{-4}$のように並べ$b_0$と$b_{-1}$の間に小数点を置けば、2進数による実数になります。

例えば、1010.101 という2進数の実数を10進数に変換すると

$$1 \cdot 2^3 + 0 \cdot 2^2 + 1 \cdot 2^1 + 0 \cdot 2^0 + 1 \cdot 2^{-1} + 0 \cdot 2^{-2} + 1 \cdot 2^{-3} = 8 + 2 + 0.5 + 0.125 = 10.625 \tag{B.3}$$

となります。

一方、10進数による実数を2進数に変換する方法について考えます。図A.1、図A.2に示したとおり、変換したい数字が整数であれば、2で割って余りを求めるという手段になりますが、小数点以下を持つ2進数の場合、余りの扱いが難しくなります。

実数を2進数に変換する簡単な方法としては、実数を小数点以上と小数点以下とに分けて、異なった処理をします。例えば、10.625 を2進数にするには、小数点以上の10と小数点以下の0.625に分けます。小数点以上の10については、図A.2の処理により1010になることはわかると思います。あとはB=0.625を2進数にしていきます。

小数点以下の数値Bは、2進数では

$$B = b_{-1} \cdot 2^{-1} + b_{-2} \cdot 2^{-2} + b_{-3} \cdot 2^{-3} + b_{-4} \cdot 2^{-4} \tag{B.4}$$

で表されているはずです。このBに対して2を乗算していきます（**図B.1**）。すると、小数点以上の桁に順次b_{-1}、b_{-2}、b_{-3}、b_{-4}が出てきますので、これを差し引いた値にさらに2を掛けていくことで、小数点以下の2進数が導けます。

この要領でB=0.625を2進数に変換すると

$$
\begin{aligned}
(b_{-1} \cdot 2^{-1} + b_{-2} \cdot 2^{-2} + b_{-3} \cdot 2^{-3} + b_{-4} \cdot 2^{-4}) \times 2 &= \underline{b_{-1}} + b_{-2} \cdot 2^{-1} + b_{-3} \cdot 2^{-2} + b_{-4} \cdot 2^{-3} \\
(b_{-2} \cdot 2^{-1} + b_{-3} \cdot 2^{-2} + b_{-4} \cdot 2^{-3}) \times 2 &= \underline{b_{-2}} + b_{-3} \cdot 2^{-1} + b_{-4} \cdot 2^{-2} \\
(b_{-3} \cdot 2^{-1} + b_{-4} \cdot 2^{-2}) \times 2 &= \underline{b_{-3}} + b_{-4} \cdot 2^{-1} \\
(b_{-4} \cdot 2^{-1}) \times 2 &= \underline{b_{-4}}
\end{aligned}
$$

図B.1 1未満の小数を2進数に変換する様子

$$0.625 \times 2 = \underline{1}.25 \quad \Rightarrow b_{-1} = \underline{1}, \quad 1.25 - 1 = 0.25 \tag{B.5a}$$
$$0.25 \times 2 = \underline{0}.5 \quad \Rightarrow b_{-2} = \underline{0}, \quad (0.5 - 0 = 0.5) \tag{B.5b}$$
$$0.5 \times 2 = \underline{1}.0 \quad \Rightarrow b_{-3} = \underline{1}, \quad 1.0 - 1 = 0 : (終了) \tag{B.5c}$$

となり，0.101 となります．

B.2 循 環 小 数

　小数点以下の数字を 2 進数にする処理について示しました．式 (B.1) にも示したとおり，10 進数では，小数点以下は 0.1，0.01，0.001，…の桁となりますが，2 進数では，小数点以下の桁が 10 進数にして 0.5，0.25，0.125，0.0625，…の桁になります．したがって，きれいに表すことができる数値に違いが生じます．

　例えば，10 進数で 0.1 を 2 進数に変換するため，図 B.1 の行程にかけてみると，0.000110011001100…となり，永遠に同じパターンの数字が繰り返される値になります．このように同じパターンの 0，1 が繰り返されるものを**循環小数**といいます．コンピュータ内では，あらゆる数値は 2 進数で記憶・演算され，あるビット長で打ち切られて記憶あるいは処理がなされますので，数値によっては「2 進数に変換されるために生じる誤差」があるということに注意が必要です．

B.3 固定小数点演算

　2 進数を記憶するためには，その桁数に見合ったビット長の記憶回路を実現する必要があります．このとき，用意したビット長により，記憶できる数値の範囲が決まります．例えば**表 B.1** には，記憶回路のビット長が 8，16，32，64 ビットの場合に記憶できる整数の範囲を示します．これはちょうど，C 言語や FORTRAN などのプログラミング言語における整数型変数で記憶できる数値の範囲を表しています．

表 B.1　記憶素子のビット長と記憶可能な整数の範囲

変数のビット長	符　号	記憶できる数値の範囲
8	あり	$-2^7 \sim +2^7 - 1$
8	なし	$0 \sim +2^8 - 1$
16	あり	$-2^{15} \sim +2^{15} - 1$
16	なし	$0 \sim +2^{16} - 1$
32	あり	$-2^{31} \sim +2^{31} - 1$
32	なし	$0 \sim +2^{32} - 1$
64	あり	$-2^{63} \sim +2^{63} - 1$
64	なし	$0 \sim +2^{64} - 1$

一方，小数点以下の2進数を記憶させる場合，ビット長が長ければ長いほど，記憶できる数値の精度が向上します。コンピュータにおけるプログラミング言語では32，64ビット長を利用した浮動小数点方式により，数値を記憶させています。浮動小数点方式では，あらゆる実数Rを

$$R = S^* 1.x \times 2^y \tag{B.6}$$

の形で表現し，x，y，Sを記録しています。ここでSは符号ビットです。この方式による演算は，多くの回路を必要とします。一時期の1990年代以前のCPUでは，コ・プロセッサという補助的なCPU支援ICによりこの方式による演算を高速化しており，このコ・プロセッサがない場合にはソフトウェアにより演算を実行していました。

このように，2進数で実数を扱うことは困難を伴いますが，通常の整数を利用することによって，ある程度の実数計算は可能です。それを**固定小数点演算**（fixed-point operation）といいます。

B.4 最大値と精度

固定小数点演算の基本は，**図B.2**のように，整数を記憶させる変数の途中に小数点を仮想して演算を行うものです。どの位置に小数点を仮想するかということは，演算で扱いたい最大値と精度をもとに，設計者が決定します。

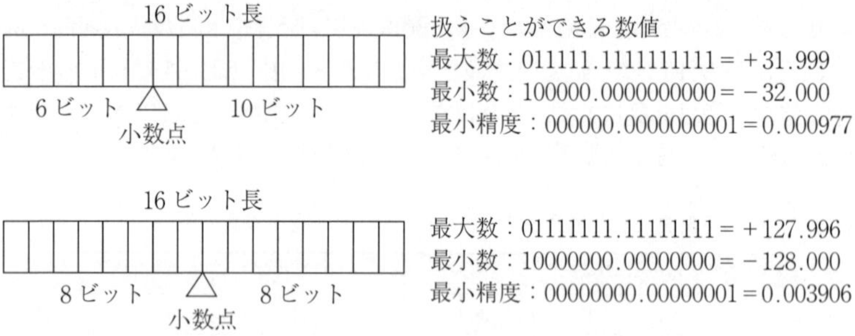

```
        16 ビット長
┌─┬─┬─┬─┬─┬─┬─┬─┬─┬─┬─┬─┬─┬─┬─┬─┐
└─┴─┴─┴─┴─┴─┴─┴─┴─┴─┴─┴─┴─┴─┴─┴─┘
  6 ビット   △    10 ビット
           小数点
```
扱うことができる数値
最大数：011111.1111111111 = +31.999
最小数：100000.0000000000 = −32.000
最小精度：000000.0000000001 = 0.000977

```
        16 ビット長
┌─┬─┬─┬─┬─┬─┬─┬─┬─┬─┬─┬─┬─┬─┬─┬─┐
└─┴─┴─┴─┴─┴─┴─┴─┴─┴─┴─┴─┴─┴─┴─┴─┘
  8 ビット   △    8 ビット
           小数点
```
最大数：01111111.11111111 = +127.996
最小数：10000000.00000000 = −128.000
最小精度：00000000.00000001 = 0.003906

図B.2 小数点位置の仮想例

図B.2のように，全体のビット長は決まっており，仮想した小数点以上のビット数により，扱うことができる整数部の最大値が決まります。したがって，残った小数点以下のビット数により記憶できる数値の精度が決まりますので，この方式では明らかに，最大値と精度がトレードオフの関係になりますので，注意が必要です。また，演算精度はもとより，実数を固定小数点演算のフォーマットに当てはめただけで，ある程度の誤差が発生するので注意が必要です。

B.5 加減算

固定小数点演算により加減算を行う様子を**図 B.3** に示します。

$r_a = 12.34$, $r_b = 9.87$ のとき
$a = r_a * 2^{10} = 12636.16$
$\quad = 001100.0101011100$ ($= 12.33984375$)
$b = r_b * 2^{10} = 10106.88$
$\quad = 001001.1101111010$ ($= 9.869140625$)
$c = a + b = 010110.0011010110 = 22742$
$\quad 22742/2^{10} = 22.208984375$ (正答 $= 22.210$)
$c = a - b = 000010.0111100010 = 2530$
$\quad 2530/2^{10} = 2.470703125$ (正答 $= 2.4700$)

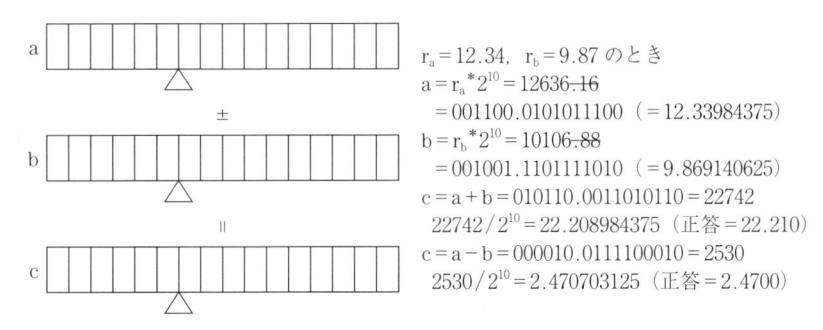

図 B.3 固定小数点演算による加減算

記憶できる数値はあくまで整数ですから，まず，加減算を行いたい実数値 r_a, r_b に対して，仮想する小数点位置に対応した 2 のべき乗数を掛けます．図 B.3 の場合，下から 10 ビット目と 11 ビット目の間に小数点を仮想していますので，掛けるべき数は 2^{10} ($=1024$) です．このような位置に小数点を仮想する形式を，便宜上，Q10 フォーマットと呼びます．すると答えは

$$r_a \times 2^{10} \pm r_b \times 2^{10} = (r_a \pm r_b) \times 2^{10} \tag{B.7}$$

として求まります．このように，答えも 2^{10} が掛けられた Q10 フォーマットで求まります．

ここで注意が必要なのは，加減算において加減算数と被加減算数とは，同じ位置に小数点を仮想する必要があるということです．もし，数値 r_a と数値 r_b とで異なった位置に小数点を仮想してしまったら，例えば

$$r_a \times 2^{10} \pm r_b \times 2^{11} = (r_a \pm 2r_b) \times 2^{10} \tag{B.8}$$

となってしまい，正答は得られません．

また加減算では，加減算数と被加減算数とが 16 ビット長であったとしても，その答えが 16 ビット以上の数値となり桁あふれを生じる場合があります．これを**オーバフロー**（overflow，算術あふれ）と呼びます．当然，正答とはなりませんので，状況に合わせて小数点の位置や変数のビット長を精査する必要があります．

B.6 乗算

固定小数点演算による乗算は，加減算よりも柔軟です．その様子を**図 B.4** に示します．

乗数と被乗数はそれぞれ 16 ビットとしています．A.4 に示したとおり，16 ビット

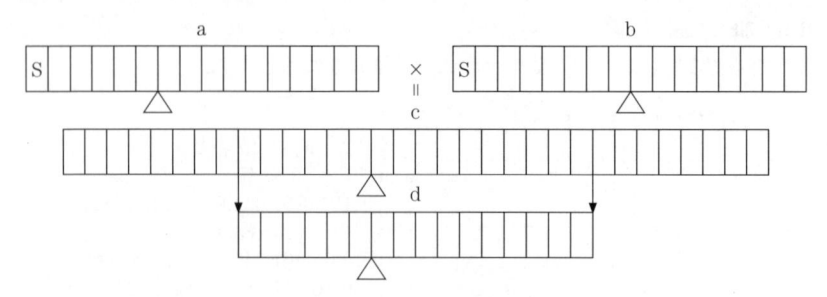

$r_a = 2.34$, $r_b = 9.87$ のとき
$a = r_a * 2^{10} = 2396.16 = 000010.0101011100$ （$= 2.33984375$）
$b = r_b * 2^8 = 2526.72 = 00001001.11011110$ （$= 9.8671875$）
$c = a \times b = 00000000010111.000101100111001000 = 6052296$
　　$6052296 / 2^{18} = 23.087677001953125$ （正答 $= 23.0958$）
$d = 010111.0001011001 = 23641$
　　$23641 / 2^{10} = 23.0869140625$ （正答 $= 23.0958$）

図B.4　固定小数点演算による乗算

どうしの乗算の答えは 32 ビット長で表現すれば求まります．ただし，被乗数 r_a は Q10 フォーマット，乗数 r_b は Q8 フォーマットとします．すると乗算の結果は

$$(r_a \times 2^{10}) \times (r_b \times 2^8) = (r_a \times r_b) \times 2^{(10+8)} \tag{B.9}$$

として求まります．結果には 2^{18} が掛けられ Q18 フォーマットで得られます．なお加減算と異なり，この段階であればオーバフローが生じることはありません．

また，得られた答えを，改めて 16 ビット長，Q10 フォーマットに変換するには，図 B.4 のようにデータを抜き出す必要がありますが，この処理ではオーバフローや桁落ちについて注意が必要です．

B.7　除　　算

固定小数点演算による除算の様子を**図B.5**に示します．被除数 r_a，除数 r_b それぞれを 16 ビット長とし，r_a は Q10 フォーマット，r_b は Q8 フォーマットとします．ここで，商のビット長も 16 ビットの Q10 フォーマットで得ようとすれば，被除数 r_a は一度，図 B.5 のように，32 ビット長の Q18 フォーマットにしておく必要があります．32 ビットに拡張するときには，上位ビットは符号拡張し，下位ビットには 0 を加えます．この状態で除算を実行すると

$$(r_a \times 2^{18}) \div (r_b \times 2^8) = (r_a \div r_b) \times 2^{(18-8)} = (r_a \div r_b) \times 2^{10} \tag{B.10}$$

となり，商が Q10 フォーマットで求まります．

以上に示した固定小数点演算は，整数演算により実数演算が可能なので，ディジタル回路による信号処理には適しています．ただし，扱う数値によっては，演算途中で

B. 2進数で実数を扱う　　187

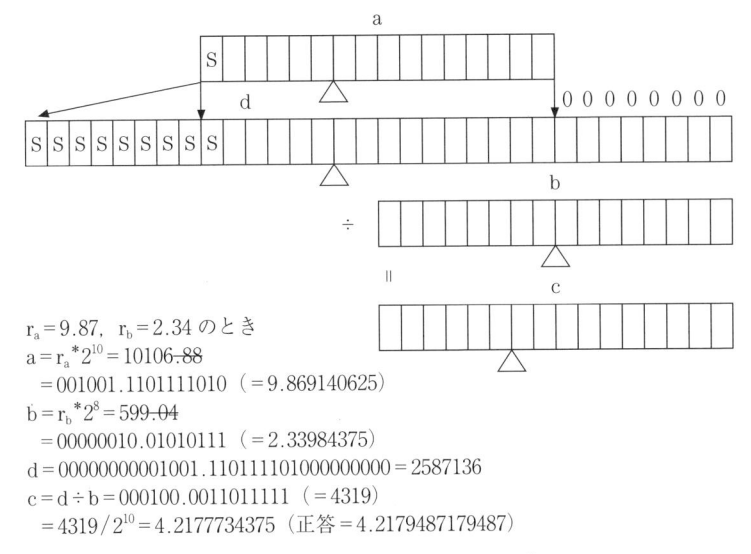

$r_a = 9.87$, $r_b = 2.34$ のとき
$a = r_a * 2^{10} = 10106.88$
　$= 001001.1101111010$ （$= 9.869140625$）
$b = r_b * 2^8 = 599.04$
　$= 00000010.01010111$ （$= 2.33984375$）
$d = 00000000001001.11011101000000000 = 2587136$
$c = d \div b = 000100.0011011111$ （$= 4319$）
　$= 4319 / 2^{10} = 4.2177734375$ （正答 $= 4.2179487179487$）

図 B.5　固定小数点演算による除算

オーバフローを起こすこともあり，仮想すべき小数点位置はデータを統計的に処理したうえで，適切な位置に設定する必要があります。

参 考 文 献

1章
1) 大幸秀成：CMOS の基礎と活用ノウハウ，CQ 出版（2008）
2) 池田 誠：MOS による電子回路基礎，数理工学社（2011）
3) 伝田精一：最新わかる半導体（PDF 版），CQ 出版（2001）
4) 猪飼國夫，本多中二：ディジタル・システムの設計，CQ 出版（1999）
5) トランジスタ技術 SPECIAL 編集部：ダイオード/トランジスタ/FET 活用入門，CQ 出版（2004）
6) D. Frank：Power-constrained CMOS scaling limits, IBM J. R&D, Vol.46, No.2/3, pp.235 〜 244（Mar/May 2002）
7) A. K. M. Mhfuzul Islam, 小野寺：オンチップモニタ回路を用いた特性バラつきのモデル化と補償，電子情報通信学会，第 27 回 回路とシステムワークショップ，pp. 223 〜 228（2014）．

2 〜 4 章，付録
1) 大類重範：ディジタル電子回路，日本理工出版会（2010）
2) 浅井秀樹：ディジタル回路演習ノート，コロナ社（2001）
3) 木村誠聡：ディジタル電子回路，数理工学社（2012）
4) 伊原充博，若海弘夫，吉沢昌純：ディジタル回路，コロナ社（1999）
5) 斉藤忠夫：ディジタル回路，コロナ社（1982）
6) 黒川一夫，半谷精一郎，見山友裕：改訂電子計算機概論，コロナ社（2001）
7) 高橋進一，豊嶋久道，秋月影雄：ディジタル回路設計入門，培風館（2000）
8) 高橋 寛，関根好文，作田幸憲：ディジタル回路，コロナ社（1996）
9) 東芝セミコンダクター＆ストレージ社ウェブページ，パッケージ/包装情報：http://www.semicon.toshiba.co.jp/product/package/logic.html[†]

[†] URL は 2014 年 8 月現在

5章

1) 仁田山晃寛，浜本 毅，木原雄治：揮発性高速 RAM, 電子情報通信学会「知識ベース」10 群，4 編，2 章（2010）
2) 朝倉善智，久保田寧，広瀬禎彦：最新の高速・低消費電力 DRAM, トランジスタ技術，CQ 出版（Nov. 2004）
3) 松井雄嗣：SRAM の種類と使い方，トランジスタ技術，CQ 出版（Nov. 2004）
4) ルネサスエレクトロニクス社：ルネサス汎用メモリー総合カタログ（2011）
5) HP 社：メモリーテクノロジの進化：システムメモリテクノロジの概要 技術概要第 4 版（2005）

6章

1) 本岡善剛：図解 16 ビットマイクロコンピュータ 80286 の使い方，オーム社（1987）
2) W. B. スルヤント：図解 32 ビットマイクロコンピュータ 80386 の使い方，オーム社（1987）
3) J. L. Hennessy and D. A. Patterson 著，富田眞治，村上和彰，新實治男 訳：コンピュータ・アーキテクチャ ── 設計・実現・評価の定量的アプローチ ──，日経 BP 社（1994）
4) D. A. Patterson and J. L. Hennessy 著，成田光彰 訳：コンピュータの構成と設計 ──ハードウェアとソフトウェアのインタフェース── 第 2 版（上/下），日経 BP 社（1999）
5) 中森 章：マイクロプロセッサ・アーキテクチャ入門 RISC プロセッサの基礎から最新プロセッサのしくみまで，TECHI Vol. 20, CQ 出版（2004）
6) インテル株式会社：IA-32 インテルアーキテクチャ ソフトウェア・デベロッパーズ・マニュアル（2004）
7) D. T. Marr, F. Binns, D. L. Hill, G. Hinton, D. A. Koufaty, J. A. Miller and M. Upton：ハイパースレッディングテクノロジのアーキテクチャとマイクロアーキテクチャ，http://www.intel.co.jp/content/dam/www/public/ijkk/jp/ja/documents/developer/vol6iss1_art01_j.pdf（2002）
7) 安藤壽茂：半導体技術とコンピュータ技術の動向，サイエンティフィックシステム研究会 2006 年度科学技術計算分科会資料（2006）
8) H. Ando, A. Asato, M. Kawaba, M. Okawara and W. Walker：A Case Study：Energy Efficient High Throughput Chip Multi-Processor using Reduced-complexity Cores for Transaction Processing Workload, IPSJ Trans. ACS, Vol. 46, No. SIG7 ACS10, pp.

103～114（May2005）
9) Xeon Phi 情報 Web：http://www.intel.co.jp/content/www/jp/ja/processors/xeon/xeon-phi-coprocessor.html

7章

1) ザイログ（Zilog）社：Z80 Family CPU User Manual（um0080.pdf）（2014）
2) ザイログ（Zilog）社：Z80 Family CPU Peripherals User Manual（um0081.pdf）（2001）
3) 横田英一：新版 図解 Z-80 の使い方，オーム社（1993）
4) 湯田幸八，伊藤 彰：Z-80 アセンブラプログラミング入門，オーム社（1982）
5) 柏谷英一，佐野羊介，中村陽一，浅野健一：Z80 マイコン応用システム入門，東京電機大学出版局（1990）
6) トランジスタ技術 SPECIAL 編集部：コンデンサ/抵抗/コイル活用入門，CQ 出版社（2005）
7) トランジスタ技術編集部：H8 マイコン活用記事全集，CQ 出版（2013）
8) トランジスタ技術編集部：SH マイコン活用記事全集，CQ 出版（2014）
9) 小林 優：FPGA ボードで学ぶ組み込みシステム開発入門，技術評論社（2013）
10) Xilinx 社：LogiCORE IP I/O Module v1.01a Product Guide（2012）
11) 大牧正知：FPGA 内蔵 PowerPC コアを徹底比較，Design Wave Magazine（2008-12）
12) D. Pellerin and S. Thibault 著，天野英晴 監修，宮島敬明 訳：C 言語による実践的 FPGA プログラミング，エスアイビー・アクセス社（2011）
13) Impulse C 情報：http://www.impulseaccelerated.com/
14) 東京エレクトロン デバイス社：http://www.teldevice.co.jp/

索　引

【あ】

アキュムレータ
　　　　　　　102, 148, 157
アクセスタイム　　　　　96
アセンブリ言語　　　　103
アドレス　　　　　　　　91
アドレスデコーダ　　　　91
アドレスバス　　　　　107
アドレスレジスタ　　　168
アナログ回路　　　　　　1

【い】

一時記憶装置　　　　　104
1の補数表現　　　　　173
インデックスレジスタ　158

【え】

エンハンスメント型　　　80

【お】

オクテット　　　　　　108
オープンドレーン回路　　33
オペレーティングシステム
　　　　　　　　　　　　76

【か】

外部入出力装置　　　　107
カウンタ　　　　　　　　56
加法標準形　　　　　　　61
カルノー図　　　　　　　64
間接アドレッシング方式
　　　　　　　　　　　158
完全系　　　　　　　　　14
貫通電流　　　　　　　　12

【き】

機械語　　　　　　　　103
擬似乱数発生器　　　　　60

【か】

揮発性メモリ　　　　　　76
基本的な公式　　　　　　16
キャッシュメモリ　　　118
キャリヤ　　　　　　　　2
吸収則　　　　　　　　　18

【く】

組込み CPU　　　　　　169
クロストーク　　　　　118
クロック同期型 FF 回路　49
グローバル変数　　　　165

【け】

結合則　　　　　　　　　17

【こ】

コアメモリ　　　　　　　78
高インピーダンス状態　　41
交換則　　　　　　　　　17
高級言語　　　　　　　104
構造ハザード　　　　　122
固定小数点演算　　　　184
コ・プロセッサ　　　　105
コンパイル　　　　　　104

【さ】

サイクルタイム　　　　　96
雑音　　　　　　　　　　35
雑音余裕　　　　　　　　11
差動回路　　　　　　　　38
差動増幅型センスアンプ　89
3 ステートロジック回路　40

【し】

しきい値　　　　　　　　10
システムクロック　　　109
シフトレジスタ　　　　　58
自由電子　　　　　　　　2
周波数逓倍回路　　　　110

【し】

シュミットトリガ回路　　36
循環小数　　　　　　　183
条件付きジャンプ命令　161
状態遷移図　　　　　　　47
乗法標準形　　　　　　　62
シリアル（直列）データ
　　伝送方式　　　　　112
シリコン　　　　　　　　1
真理値表　　　　　　　　14

【す】

スイッチ回路　　　　　　1
スタックポインタ　　　162
ステイタスレジスタ
　　　　　　　　148, 160

【せ】

正　　　　　　　　　　　2
制御ハザード　　　　　122
正 孔　　　　　　　　　2
正論理　　　　　　　　　30
積層セラミックコンデンサ
　　　　　　　　　　　155
セグメントレジスタ　　167
絶縁体　　　　　　　　　2
全加算器　　　　　　　　71
全減算器　　　　　　　　74
センスアンプ　　　　　　88
全二重伝送方式　　　　113

【そ】

ソフトエラー　　　　　　86

【た】

ダイナミック変数　　　165
タイムチャート　　　　　52

【ち】

チップセレクト信号　　　91

索引

チャタリング		36
チャタリング防止回路		47
チャネル		2
中央処理装置		11, 101
直接アドレッシング方式		
		158

【て】

ディジタル回路	1
データキャッシュ	119
データセレクタ回路	94
データハザード	122
データバス	107
データレジスタ	157
デプレション型	81

【と】

同期カウンタ	59
同期順序回路	109
導電層	2
ド・モルガンの定理	18
トンネル絶縁膜	80

【に】

二重否定	17
2の補数表現	174

【ね】

ネガティブエッジトリガ型	
	54

【の】

ノイズ	35
ノイズマージン	11, 36
ノイマン型コンピュータ	106

【は】

排他的論理和	20
パイプラインハザード	122
破壊読出し	88
ハザード	66
バス	106
バーストモード	98
バッファ回路	7, 19
パラレル（並列）データ	
伝送方式	111

パリティ検査	28
パワーオンリセット回路	153
半加算器	70
バンク	99
半減算器	74
番　地	91
反転回路	5
半導体	1
半二重伝送方式	113
汎用レジスタ	156

【ひ】

ビッグエンディアン	147
非同期カウンタ	58
非同期順序回路	109
非反転回路	7, 19
表皮効果	116

【ふ】

負	2
フェッチサイクル	128
不揮発性メモリ	76
符号ビット	175
フラグレジスタ	148
フラッシュメモリ	77, 80
フーリエ級数展開	117
プリチャージ電圧	88
フリップフロップ回路	44
プルアップ抵抗	35, 154
プログラムカウンタ	
	107, 159
フローティングゲート	80
負論理	30
分岐ハザード	122
分配則	17

【へ】

べき等則	17
ページモード	98
ベースレジスタ	167

【ほ】

保持時間	138
ポジティブエッジトリガ型	
	54
母　線	42

ホットエレクトロン注入方式	
	81
ポートアドレス	140
ポリシリコン抵抗	86
ホール	2
ホールドタイム	138

【ま】

マスタスレイブ型FF回路	
	50
マルチコア	123
マルチスレッド	123

【め】

命令トレースキャッシュ	
	119
メモリセル	80
メモリマップ	132
メモリマップドI/O方式	
	108
メモリ読み書きサイクル	
	128

【も】

漏れ電流	11

【ゆ】

優先順位	16

【ら】

ライトスルー方式	119
ライトバック方式	119

【り】

リトルエンディアン	147
リフレッシュ	87

【れ】

レジスタ	102, 156
列アドレス	99

【ろ】

漏　話	118
ローカルバス	111
ローカル変数	165
論理式	14

索引 193

| 論理積 | 15 |
| 論理和 | 15 |

【わ】
| ワイヤード接続 | 34 |

| 割込みジャンプテーブル | |
| | 147 |

【A】
| active low | 125 |
| AND 回路 | 15 |

【B】
| BIOS | 77 |

【C】
$\overline{\text{CAS}}$	94
CISC	104
CL	99
CMOS	6
CPU	11, 101
CS	168

【D】
DDR-SDRAM	99
DIP 型 IC	42
DMA	149
DMA コントローラ	150
DRAM	87
DS	168
DSP	104

【E】
EEPROM	79
EPROM	79
ES	168
EX 動作	121

【F】
| FIFO 型の記憶装置 | 58 |
| FPGA | 16, 169 |

【H】
| HDL | 16, 170 |

【I】
ID 動作	121
IF 動作	121
INT	143
I/O マップド I/O 方式	109
I/O 読み書きサイクル	128

【L】
| LIFO 型 | 162 |

【M】
M 系列	60
MA 動作	121
MOSFET	1
MROM	78

【N】
n 型半導体	2
NAND 回路	21
NAND 型フラッシュメモリ	83
NMI	142
nMOS	2
NOR 回路	25
NOR 型フラッシュメモリ	82
NOT 回路	14
n-Way Set Associative 方式	121

【O】
| OR 回路 | 15 |

【P】
p 型半導体	2
PIC	148
PLD	16

pMOS	3
PROM	79
PWM	169

【R】
RAM	76, 84
$\overline{\text{RAS}}$	94
RISC	104
ROM	76, 78

【S】
SDRAM	98
Serial ATA	40
SOP 型	42
SRAM	85
SS	168
SSD	80

【T】
TFT	86
TSOP 型	42
TSSOP 型	42
TTL	10

【U】
| USB | 39 |

【W】
| WB 動作 | 121 |

【X】
| XOR 回路 | 20 |

【Z】
| Z80 | 124 |
| μOPS | 104 |

―― 著者略歴 ――

1982 年 明治大学工学部電子通信工学科卒業
1984 年 明治大学大学院工学研究科電気工学専攻博士前期課程修了
1987 年 明治大学大学院工学研究科電気工学専攻博士後期課程修了
　　　　工学博士（明治大学）
1987 年 明治大学工学部専任助手
1990 年 明治大学理工学部専任講師
1995 年 明治大学理工学部専任助教授
2000 年 明治大学理工学部専任教授
　　　　現在に至る

コンピュータ設計概論
　　──**CMOS** から組込み **CPU** まで──
Introduction to Computer Design
— From CMOS to embedded CPU —　　　　　　　　© Hiroyuki Kamata 2014

2014 年 11 月 7 日　初版第 1 刷発行　　　　　　　　　　　　　★

検印省略	著　者	鎌　田　弘　之
	発行者	株式会社　コロナ社
	代表者	牛来真也
	印刷所	新日本印刷株式会社

112-0011　東京都文京区千石 4-46-10
発行所　株式会社　コロナ社
CORONA PUBLISHING CO., LTD.
Tokyo Japan
振替 00140-8-14844・電話 (03) 3941-3131 (代)
ホームページ　http://www.coronasha.co.jp

ISBN 978-4-339-02488-3　　（横尾）　　（製本：愛千製本所）
Printed in Japan

本書のコピー，スキャン，デジタル化等の無断複製・転載は著作権法上での例外を除き禁じられております。購入者以外の第三者による本書の電子データ化及び電子書籍化は，いかなる場合も認めておりません。

落丁・乱丁本はお取替えいたします

電気・電子系教科書シリーズ

(各巻A5判)

- ■編集委員長　高橋　寛
- ■幹　　　事　湯田幸八
- ■編集委員　　江間　敏・竹下鉄夫・多田泰芳
  中澤達夫・西山明彦

配本順			著者	頁	本体
1.（16回）	電気基礎	柴田尚志・皆藤新一共著		252	3000円
2.（14回）	電磁気学	多田泰芳・柴田尚志共著		304	3600円
3.（21回）	電気回路Ⅰ	柴田尚志著		248	3000円
4.（3回）	電気回路Ⅱ	遠藤勲・鈴木靖純共著		208	2600円
5.	電気・電子計測工学	西吉明彦・下奥二郎純共著			
6.（8回）	制御工学	青木平鎮正共著		216	2600円
7.（18回）	ディジタル制御	西堀俊幸共著		202	2500円
8.（25回）	ロボット工学	白水俊次著		240	3000円
9.（1回）	電子工学基礎	中澤達夫・藤原勝幸共著		174	2200円
10.（6回）	半導体工学	渡辺英夫著		160	2000円
11.（15回）	電気・電子材料	中澤・押田・森山・須田・服部共著		208	2500円
12.（13回）	電子回路	土田英健二共著		238	2800円
13.（2回）	ディジタル回路	伊原充弘・若海博昌・吉室純・山進共著		240	2800円
14.（11回）	情報リテラシー入門	賀下幸厳共著		176	2200円
15.（19回）	C++プログラミング入門	湯田幸八著		256	2800円
16.（22回）	マイクロコンピュータ制御プログラミング入門	柚賀正光・千代谷慶共著		244	3000円
17.（17回）	計算機システム	春日健・舘泉雄幸・八幡博充共著		240	2800円
18.（10回）	アルゴリズムとデータ構造	湯田・伊原・前田・新谷勉・江橋敏弘邦共著		252	3000円
19.（7回）	電気機器工学			222	2700円
20.（9回）	パワーエレクトロニクス	江間敏・高橋勲共著		202	2500円
21.（12回）	電力工学	江間・甲斐・山・三間隆成・木章英彦共著		260	2900円
22.（5回）	情報理論	吉川英機夫共著		216	2600円
23.（26回）	通信工学	竹下鉄夫・吉川豊克共著		198	2500円
24.（24回）	電波工学	松田豊稔・宮田克正・南部幸久共著		238	2800円
25.（23回）	情報通信システム(改訂版)	岡田裕史共著		206	2500円
26.（20回）	高電圧工学	植月唯夫・松原孝史・箕充共著		216	2800円

定価は本体価格+税です。
定価は変更されることがありますのでご了承下さい。

◆図書目録進呈◆

電子情報通信レクチャーシリーズ

■電子情報通信学会編　　　（各巻B5判）

共通

	配本順			頁	本体
A-1	(第30回)	電子情報通信と産業	西村 吉雄 著	272	4700円
A-2	(第14回)	電子情報通信技術史 ―おもに日本を中心としたマイルストーン―	「技術と歴史」研究会編	276	4700円
A-3	(第26回)	情報社会・セキュリティ・倫理	辻井 重男 著	172	3000円
A-4		メディアと人間	原島 博 北川 高嗣 共著		
A-5	(第6回)	情報リテラシーとプレゼンテーション	青木 由直 著	216	3400円
A-6	(第29回)	コンピュータの基礎	村岡 洋一 著	160	2800円
A-7	(第19回)	情報通信ネットワーク	水澤 純一 著	192	3000円
A-8		マイクロエレクトロニクス	亀山 充隆 著		
A-9		電子物性とデバイス	益川 修一 天川 一哉 共著		

基礎

	配本順			頁	本体
B-1		電気電子基礎数学	大石 進一 著		
B-2		基礎電気回路	篠田 庄司 著		
B-3		信号とシステム	荒川 薫 著		
B-5		論理回路	安浦 寛人 著		
B-6	(第9回)	オートマトン・言語と計算理論	岩間 一雄 著	186	3000円
B-7		コンピュータプログラミング	富樫 敦 著		
B-8		データ構造とアルゴリズム	岩沼 宏治 他著		
B-9		ネットワーク工学	仙田 石村 正和 中野 敬介 共著		
B-10	(第1回)	電磁気学	後藤 尚久 著	186	2900円
B-11	(第20回)	基礎電子物性工学 ―量子力学の基本と応用―	阿部 正紀 著	154	2700円
B-12	(第4回)	波動解析基礎	小柴 正則 著	162	2600円
B-13	(第2回)	電磁気計測	岩﨑 俊 著	182	2900円

基盤

	配本順			頁	本体
C-1	(第13回)	情報・符号・暗号の理論	今井 秀樹 著	220	3500円
C-2		ディジタル信号処理	西原 明法 著		
C-3	(第25回)	電子回路	関根 慶太郎 著	190	3300円
C-4	(第21回)	数理計画法	山下 信雄 福島 雅夫 共著	192	3000円
C-5		通信システム工学	三木 哲也 著		
C-6	(第17回)	インターネット工学	後藤 滋樹 外山 勝保 共著	162	2800円
C-7	(第3回)	画像・メディア工学	吹抜 敬彦 著	182	2900円
C-8		音声・言語処理	広瀬 啓吉 著		
C-9	(第11回)	コンピュータアーキテクチャ	坂井 修一 著	158	2700円

	配本順			頁	本 体
C-10		オペレーティングシステム			
C-11		ソフトウェア基礎	外 山 芳 人著		
C-12		データベース			
C-13		集 積 回 路 設 計	浅 田 邦 博著		近 刊
C-14	(第27回)	電 子 デ バ イ ス	和 保 孝 夫著	198	3200円
C-15	(第8回)	光 ・ 電 磁 波 工 学	鹿子嶋 憲 一著	200	3300円
C-16	(第28回)	電 子 物 性 工 学	奥 村 次 徳著	160	2800円

展 開

D-1		量 子 情 報 工 学	山 崎 浩 一著		
D-2		複 雑 性 科 学			
D-3	(第22回)	非 線 形 理 論	香 田 徹著	208	3600円
D-4		ソフトコンピューティング	山川 烈堀尾 恵一 共著		
D-5	(第23回)	モバイルコミュニケーション	中川 正雄大槻 知明 共著	176	3000円
D-6		モバイルコンピューティング			
D-7		デ ー タ 圧 縮	谷 本 正 幸著		
D-8	(第12回)	現代暗号の基礎数理	黒澤 馨尾形 わかは 共著	198	3100円
D-10		ヒューマンインタフェース			
D-11	(第18回)	結 像 光 学 の 基 礎	本 田 捷 夫著	174	3000円
D-12		コンピュータグラフィックス			
D-13		自 然 言 語 処 理	松 本 裕 治著		
D-14	(第5回)	並 列 分 散 処 理	谷 口 秀 夫著	148	2300円
D-15		電 波 システム 工 学	唐沢 好男藤井 威生 共著		
D-16		電 磁 環 境 工 学	徳 田 正 満著		
D-17	(第16回)	ＶＬＳＩ工学 ―基礎・設計編―	岩 田 穆著	182	3100円
D-18	(第10回)	超高速エレクトロニクス	中村 徹三島 友義 共著	158	2600円
D-19		量子効果エレクトロニクス	荒 川 泰 彦著		
D-20		先端光エレクトロニクス			
D-21		先端マイクロエレクトロニクス			
D-22		ゲ ノ ム 情 報 処 理	高木 利久小池 麻子 編著		
D-23	(第24回)	バ イ オ 情 報 学 ―パーソナルゲノム解析から生体シミュレーションまで―	小長谷 明 彦著	172	3000円
D-24	(第7回)	脳 工 学	武 田 常 広著	240	3800円
D-25		生 体 ・ 福 祉 工 学	伊福部 達著		
D-26		医 用 工 学			
D-27	(第15回)	ＶＬＳＩ工学 ―製造プロセス編―	角 南 英 夫著	204	3300円

定価は本体価格+税です。
定価は変更されることがありますのでご了承下さい。

図書目録進呈◆

コンピュータサイエンス教科書シリーズ

(各巻A5判)

■編集委員長　曽和将容
■編集委員　岩田　彰・富田悦次

配本順			頁	本体
1. (8回)	情報リテラシー	立花康夫／曽和将容／春日秀雄 共著	234	2800円
4. (7回)	プログラミング言語論	大山口通夫／五味弘 共著	238	2900円
5. (14回)	論理回路	曽範和将公容可 共著	174	2500円
6. (1回)	コンピュータアーキテクチャ	曽和将容著	232	2800円
7. (9回)	オペレーティングシステム	大澤範高著	240	2900円
8. (3回)	コンパイラ	中田育男監修／中井央著	206	2500円
10. (13回)	インターネット	加藤聰彦著	240	3000円
11. (4回)	ディジタル通信	岩波保則著	232	2800円
13. (10回)	ディジタルシグナルプロセッシング	岩田彰編著	190	2500円
15. (2回)	離散数学 —CD-ROM付—	牛島和夫編著／相利民／朝廣雄一 共著	224	3000円
16. (5回)	計算論	小林孝次郎著	214	2600円
18. (11回)	数理論理学	古川康一／向井国昭 共著	234	2800円
19. (6回)	数理計画法	加藤直樹著	232	2800円
20. (12回)	数値計算	加古孝著	188	2400円

以下続刊

2.	データ構造とアルゴリズム	伊藤大雄著	3. 形式言語とオートマトン	町田元著
9.	ヒューマンコンピュータインタラクション	田野俊一著	12. 人工知能原理	嶋田・加納共著
14.	情報代数と符号理論	山口和彦著	17. 確率論と情報理論	川端勉著

定価は本体価格+税です。
定価は変更されることがありますのでご了承下さい。

図書目録進呈◆